U0366607

编委会

宁夏典型岩矿石
— 标本及光薄片图册 —

高 宇　王彦朋　刘 波　主编

朱海军　陈 瑞　曹友亮　苏 力　副主编

黄河出版传媒集团

阳光出版社

图书在版编目（CIP）数据

宁夏典型岩矿石标本及光薄片图册 / 高宇等主编.
银川：阳光出版社，2024.4. -- ISBN 978-7-5525
-7320-6

Ⅰ.P585-64

中国国家版本馆 CIP 数据核字第 2024BL9889 号

宁夏典型岩矿石标本及光薄片图册　　　　　　　　　高宇　王彦朋　刘波　主编

责任编辑　谭　丽
封面设计　赵　倩
责任印制　岳建宁

出 版 人　薛文斌
地　　址　宁夏银川市北京东路 139 号出版大厦（750001）
网　　址　http://www.ygchbs.com
网上书店　http://shop129132959.taobao.com
电子信箱　yangguangchubanshe@163.com
邮购电话　0951-5047283
经　　销　全国新华书店
印刷装订　三河市嵩川印刷有限公司
印刷委托书号　（宁)0029786

开　　本　720 mm×980 mm　1/16
印　　张　6.5
字　　数　120 千字
版　　次　2024 年 4 月第 1 版
印　　次　2024 年 4 月第 1 次印刷
书　　号　ISBN 978-7-5525-7320-6
定　　价　48.00 元

前　言

编写《宁夏典型岩矿石标本及光薄片图册》一书，是宁夏回族自治区地质资料馆和宁夏回族自治区自然资源信息中心履行新职能的一次全新尝试。本书融趣味性与知识性、科普性与专业性为一体，全面介绍宁夏区内金属，非金属，能源有机矿产典型岩矿石标本与光薄片矿物成分和结构构造等。期望通过本书的编写，为后续地质资料科普宣传、二次开发研究等工作积累经验。

为保证本书的编写质量以及书中标本图片的良好效果，书中所列标本除岩盐矿石标本外，均由编写人员亲自采集；标本照片也由专业人员拍摄。全书分为五章，第一章至第四章介绍各种岩矿石的宏观地质特征，矿石的赋存层位及所对应的矿床、矿点规模等；第五章介绍岩矿石在显微镜下的各种特征等。本书图文并茂、内容翔实，既可作为岩矿石爱好者的业余读物，又可作为地质及相关专业人员的参考用书。

本书前言由曹友亮执笔，正文由王彦朋、曹友亮共同执笔，部分岩矿标本的野外描述由张玉瑜、谭江完成，全书由高宇、王彦朋统稿，高立博、陈瑞进行全书校对。书中部分内容来自相关报告和文章。由于编者水平有限，书中定有谬误和不足，欢迎读者批评指正。

目　录
CONTENTS

第一章 金属矿产

目前，宁夏区内发现的金属矿产有黑色金属铁、锰、钛，有色金属铜、铅、锌、铝、镁、钴，贵金属金、银，分散元素镓、锗（煤系伴生元素）。其中，铁、铜、金仅有少量探明资源量；银无独立矿床（体），仅与铜、金、硫铁矿床伴生；锰、钛和铝仅发现矿化点各 1 处；钴为铁矿伴生矿种；分散元素镓、锗仅在宁东煤田发现（煤系伴生元素），未做具体勘查工作；镁（冶镁白云岩）矿探明资源量较大。宁夏区内主要成矿带分布于卫宁北山—香山、西华山—月亮山—六盘山、贺兰山北段 3 个成矿区。2005 年是一个值得宁夏人，尤其是宁夏地质人铭记的年份，当年 10 月，有史以来在宁夏土地上自勘、自采、自选、自炼的第一块铜板，在中卫腰岘子铜银矿区诞生，结束了宁夏没有有色金属原矿开发的历史，实现了宁夏铜矿开采零的突破。

第一节　典型金属矿床（点）特征简述

本次主要选取宁夏区内典型金属矿床（点）进行岩矿石标本采集，主要典型矿床（点）有石嘴山市惠农区牛头沟金矿床、石嘴山市惠农区红山铅锌矿点、中卫市卫宁北山马道梁菱铁矿点、中卫市常乐镇腰岘子铜银矿床、中卫市香山峡子沟铜矿床、中卫市卫宁北山照壁山铁矿床、中卫市卫宁北山老照壁山铁矿床、中卫市卫宁北山骆驼山铁矿点、中卫市卫宁北山麦垛山铁矿床、中卫市卫宁北山金场子金矿床、中卫市海原县西华山马场沟金矿床、吴忠市同心县韦州镇青龙山东道梁南段石湾沟冶镁白云岩矿床和固原市泾源县大湾乡杨岭铅锌矿床。下面对典型矿床的地理位置、矿床规模、矿床成因、矿石类型、赋矿层位、岩矿石结构特征等进行简述。

一、石嘴山市惠农区牛头沟金矿床

牛头沟金矿床位于贺兰山北段，地属石嘴山市惠农区管辖。矿床规模属小型金矿床。矿床成因属低温热液型。赋矿层位为古元古界宗别立群柳条沟组。

矿石自然类型主要有褐铁矿化、绢云母化长英质碎裂岩型，碳酸盐化、绢云母化碎裂石英岩型，褐铁矿化碎裂石英脉型以及绿泥石化、绢云母化碎裂长英岩矿石。矿石结构构造碎裂、变余结构，块状构造。

二、中卫市卫宁北山马道梁菱铁矿点

马道梁菱铁矿点位于中卫市中宁县马道梁，地属中卫市余丁乡管辖。矿床规模属铁矿（化）点。矿点成因属热液型。赋矿层位为下石炭统臭牛沟组。

矿石自然类型为原生矿石。矿石结构构造有隐晶质、半自形粒状结构，似细脉状、浸染状构造。

三、中卫市常乐镇腰岘子铜银矿床

腰岘子铜银矿床位于中卫市香山北麓腰岘子沟，地属中卫市沙坡头区常乐镇管辖。矿床规模属小型铜矿床、中型银矿床。矿床成因属沉积改造型。赋矿层位为石炭系下统前黑山组和泥盆系老君山组。

矿石自然类型为氧化矿石和硫化矿石，主要以氧化矿石为主。矿石结构构造有胶结、放射状、斑状变晶结构，多孔状、蜂窝状、胶状及变胶状、土状、星点状、球状、肾状、结核状构造等。

四、中卫市香山峡子沟铜矿床

峡子沟铜矿床位于中卫市香山峡子沟，地属中卫市沙坡头区永康镇管辖。矿床规模属小型铜矿床。矿床成因类型属同生沉积-后期林滤富集型。赋矿层位为泥盆系老君山组下段。

矿石自然类型有孔隙充填式氧化矿石和裂隙式氧化矿石。矿石结构构造有四边形及不规则粒状、细小针柱状结构，团块状、皮壳状、浸染状、断续脉状、网脉状构造。

五、中卫市卫宁北山照壁山铁矿床

照壁山铁矿床位于中卫市卫宁北山地区，地属中卫市沙坡头区镇罗镇管辖。矿床成因属热液型。赋矿层主要为上石炭统土坡组/羊虎组，次要为下石炭统黑山组、臭牛沟组。

矿石自然类型有原生矿石和氧化矿石。矿石结构构造有胶状、变余砂质、放射状、晶簇状结构，脉状、网脉状、胶状、变胶状、蜂窝状、土状、团块状构造。

六、中卫市卫宁北山骆驼山铁矿点

骆驼山铁矿点位于中卫市卫宁北山地区，地属中卫市沙坡头区镇罗镇管辖。矿床规模属矿（化）点。矿点成因属热液型。赋矿层位为下石炭统臭牛沟组。

矿石自然类型有氧化矿石。矿石结构构造有隐晶状、微粒状、粉末状结构，细脉状构造。

七、中卫市卫宁北山麦垛山铁矿床

麦垛山铁矿床位于中卫市卫宁北山地区，地属中卫市沙坡头区镇罗镇管辖。矿床规模属小型铁矿床。矿床成因属沉积型。赋矿层位为上石炭统土坡组。

矿石自然类型有氧化矿石。矿石结构构造有隐晶状、微粒状结构，细脉状构造。

八、中卫市卫宁北山金场子金矿床

金场子金矿床位于中卫市卫宁北山地区，地属中卫市沙坡头区管辖。矿床规模属小型金矿床。矿床成因属造山型-变质热液型。赋矿层位主要为上泥盆统老君山组，次要为石炭统黑山组和臭牛沟组。

矿石自然类型有氧化矿石和原生矿石，以氧化矿石为主。矿石结构构造有胶状、砂质、假象、包含、它形粒状、填隙、变余泥质、放射状、自形-半自形细粒、环带、球状、压碎结构，土状、浸染状、多孔状、蜂窝状、细脉状、块状、条带状构造。

九、中卫市海原县西华山马场沟金矿床

马场沟金矿床位于中卫市海原县西华山马场沟，地属中卫市海原县西安镇管辖。矿床规模属小型金矿床。矿床成因属中高温变质-热液型。赋矿层位为西华山组。

矿石自然类型主要有煌斑岩型、石英脉型和蚀变岩型，以煌斑岩型为主，石英脉型次之，蚀变岩型少量。矿石结构构造有假象、包含、填隙、交代残余结构，块状、角砾状、碎裂状、粉末状、细脉-浸染状构造。

十、吴忠市同心县韦州镇青龙山东道梁南段石湾沟冶镁白云岩矿床

青龙山东道梁南石湾沟冶镁白云岩矿床位于吴忠市韦州镇青龙山东道梁南段，地属吴忠市盐池县惠安堡镇管辖。矿床规模属大型冶镁白云岩矿床。矿床成因属海相化学沉积型。赋矿层位为蓟县系王全口组。

矿石自然类型为浅灰-灰色致密块状细晶-微晶白云岩矿石和灰色-深灰色致密块状粉晶-微晶白云岩矿石。矿石结构构造有细晶-微晶、粉晶-微晶结构，层状、块状构造。

十一、固原市泾源县大湾乡杨岭铅锌矿床

杨岭铅锌矿床位于固原市原州区与泾源县交界处六盘山中部，矿床北部属固原市原州区开城镇管辖，矿床南部属固原市泾源县大湾乡管辖。矿床规模属小型铅锌矿床。矿床成因属热液型。赋矿层位为中生代白垩系三桥组和和尚铺组。

矿石自然类型：北矿段铅洞山矿段以石英脉型矿石为主；南矿段立洼峡矿段以角砾岩状矿石为主。矿石结构构造：北矿段铅洞山矿段有碎裂状结构，角砾状、网脉浸染状构造；南矿段立洼峡矿段有角砾状结构，角砾状、网脉浸染状构造。

第二节　标本简介

本次工作主要采用捡块方法对金属矿床进行标本采集。采集矿石和围岩标本共计 34 块（表 1-1），其中矿石标本 24 块，岩性为褐铁矿化角砾状石英岩（脉）、赤铁矿化轻碎裂状细粒斑状二长花岗岩、褐铁矿化碎裂状脉石英、铅锌矿矿石、菱铁矿化钙质粗中粒石英砂岩、含菱铁矿残余粒屑微粉晶白云岩、孔雀石化蓝铜矿化含海绿石细粒长石石英砂岩、孔雀石化蓝铜矿化细粒石英砂岩、蓝铜矿化细粒长石石英砂岩、蓝铜矿化细粒石英砂岩、孔雀石化含砂质岩屑砾岩、孔雀石化中细粒岩屑石英砂岩、葡萄状赤铁矿矿石、针状赤铁矿矿石、赤铁矿矿石、赤铁矿化粗粒石英砂岩、含赤铁矿中细粒石英砂岩、轻碎裂状赤褐铁矿化细砂岩、孔雀石化次生石英岩、赤褐铁矿化蚀变煌斑岩、赤褐铁矿化蚀变微晶石英闪长岩、褐铁矿化含白云母石英岩、冶镁白云岩矿矿石、方铅矿化泥质灰岩；围岩标本 10 块，岩性为二云斜长片麻岩、似斑状花岗岩、含堇青黑云二长浅粒岩、似斑状钾长花岗岩、石英粉砂岩、中粗粒石英砂岩、细粒石英砂岩、粗粒石英砂岩、含砾粗粒长石石英砂岩、泥质灰岩。

表 1-1　宁夏金属矿床岩矿石采集标本统计

序号	标本编号	标本名称	标本类型	矿床名称	备注
1	NTG B01	褐铁矿化角砾状石英岩（脉）	矿石	石嘴山市惠农区牛头沟金矿床	
2	NTG B02	赤铁矿化轻碎裂状细粒斑状二长花岗岩	矿石		
3	NTG B03	褐铁矿化碎裂状脉石英	矿石		
4	NTG B04	二云斜长片麻岩	围岩		NTGb04/
5	NTG B05 DLG B01	似斑状花岗岩	围岩		
6	NTG B06 LGB01	含菫青黑云二长浅粒岩	围岩		NTGb06/
7	NTG B07 LGB02	似斑状钾长花岗岩	围岩		
8	HS B01	铅锌矿矿石	矿石	石嘴山市惠农区红山铅锌矿点	
9	MDL B01	菱铁矿化钙质粗中粒石英砂岩	矿石	中卫市卫宁北山马道梁菱铁矿点	MDLb01/ MDLg01
10	MDL B02	含菱铁矿残余粒屑微粉晶白云岩	矿石		MDLb02/ MDLg02
11	YXZ B01	孔雀石化蓝铜矿化含海绿石细粒长石石英砂岩	矿石	中卫市常乐镇腰岘子铜银矿床	YXZb01/ YXZg01
12	YXZ B02	孔雀石化蓝铜矿化细粒石英砂岩	矿石		YXZb02/ YXZg02
13	YXZ B03	蓝铜矿化细粒长石石英砂岩	矿石		YXZb03/ YXZg03
14	YXZ B04	蓝铜矿化细粒石英砂岩	矿石		YXZb04/ YXZg04
15	XZG B01	孔雀石化含砂质岩屑砾岩	矿石	中卫市香山峡子沟铜矿床	XZGb01/ XZGg01
16	XZG B02	孔雀石化中细粒岩屑石英砂岩	矿石		XZGb02/ XZGg02
17	ZBS B01	葡萄状赤铁矿矿石	矿石	中卫市卫宁北山照壁山铁矿床	ZBSb01/ ZBSg01

序号	标本编号	标本名称	标本类型	矿床名称	备注
18	ZBS B02	针状赤铁矿矿石	矿石	中卫市卫宁北山照壁山铁矿床	
19	ZBS B03	石英粉砂岩	围岩		
20	ZBS B04	中粗粒石英砂岩	围岩		
21	ZBS B05	细粒石英砂岩	围岩		
22	LZBS B01	赤铁矿矿石	矿石	中卫市卫宁北山老照壁山铁矿床	
23	LTS B01	粗粒石英砂岩	围岩	中卫市卫宁北山骆驼山铁矿点	
24	LTS B03	含砾粗粒长石石英砂岩	围岩		
25	LTS B04	赤铁矿化粗粒石英砂岩	矿石		LTSb04/LTSg04
26	MDS B01	含赤铁矿中细粒石英砂岩	矿石	中卫市卫宁北山麦垛山铁矿床	MDSb01/MDSg01
27	JCZ B01	轻碎裂状赤褐铁矿化细砂岩	矿石	中卫市卫宁北山金场子金矿床	JCZb01/JCZg01
28	JCZ B02	孔雀石化次生石英岩	矿石		JCZb02/JCZg02
29	MCG B01	赤褐铁矿化蚀变煌斑岩	矿石	中卫市海原县西华山马场沟金矿床	MCGb01/MCGg01
30	MCG B02	赤褐铁矿化蚀变微晶石英闪长岩	矿石		MCGb02/MCGg02
31	MCG B03	褐铁矿化含白云母石英岩	矿石		MCGb03/MCGg03
32	QLS B01	冶镁白云岩矿石	矿石	吴忠市同心县韦州镇青龙山东道梁南段石湾沟冶镁白云岩矿床	
33	YL B01	方铅矿化泥质灰岩	矿石	固原市泾源县大湾乡杨岭铅锌矿床	YLg01
34	YL B02	泥质灰岩	围岩		

第三节 标本图版

NTG B01

褐铁矿化角砾状石英岩（脉）。风化面呈灰褐色，新鲜面呈黄褐色，角砾状结构，块状构造。岩石主要由石英（约 98%）组成。石英，无色，多呈它形粒状，少近半自形板状，杂乱分布。岩石后期受构造作用呈碎裂状，

褐铁矿化角砾状石英岩（脉）

部分碎裂呈角砾状、碎斑状等网脉状裂隙发育。见褐铁矿化薄膜沿裂隙分布。

NTG B02

赤铁矿化轻碎裂状细粒斑状二长花岗岩。风化面呈灰褐色，新鲜面呈灰绿色，碎裂状结构，块状构造。岩石由斑晶、基质组成。斑晶为钾长石（约 5%）。钾长石呈半自形粒状，零星分布，

赤铁矿化轻碎裂状细粒斑状二长花岗岩

粒度 2~10 mm，微具高岭土化、黏土化。基质由长石（70%~75%）、石英（约 20%）、黑云母（1%~5%）组成。见赤铁矿化薄膜沿裂隙分布。

NTG B03

褐铁矿化碎裂状脉石英。风化面呈浅褐黄色，新鲜面呈灰白色、烟灰色，碎裂状结构，块状构造。岩石主要由石英（约95%）组成。见褐铁矿化薄膜沿裂隙分布。

褐铁矿化碎裂状脉石英

NTG B04

二云斜长片麻岩。风化面呈浅灰色、烟灰色，片状粒状变晶结构，片麻状构造。岩石由石英（50%）、斜长石（25%~30%）、白云母（10%~15%）、黑云母（5%~10%）组成。石英，无色，它形粒状，集合体似

二云斜长片麻岩

透镜状、断续条纹状，粒度以1~2 mm为主。斜长石，它形粒状，相对聚集呈条纹状、断续条带状分布，粒度多为0.5 mm，黏土化明显。白云母、黑云母，鳞片状，相对聚集呈断续条纹状、线纹状定向分布，片径约0.5 mm。

NTG B05

似斑状花岗岩。风化面呈灰褐色，新鲜面呈浅灰色，似斑状结构，块状构造。岩石由斑晶和基质组成。斑晶为钾长石，粒度1~5 cm，被拉长并定向排列。基质由石英、黑云母、金云母组成。黑云母、金云母集中分布于长石斑晶间隙中。

似斑状花岗岩

NTG B06

含堇青黑云二长浅粒岩。风化面呈浅灰色，新鲜面呈灰绿色，粒状变晶结构，似定向构造。主要矿物成分为石英、斜长石、钾长石和云母，次要矿物成分为堇青石假象。石英，无色，它形粒状，杂乱分布，具定

含堇青黑云二长浅粒岩

向，粒度多为1~2 mm。斜长石，它形粒状，杂乱分布，具定向，粒度约1 mm，黏土化明显。钾长石，它形粒状，杂乱分布，具定向，粒度1 mm左右居多，具高岭土化。黑云母，鳞片状，片径约0.5 mm。堇青石假象，圆卵状、它形粒状，零星分布，粒度约0.5 mm，均被绢云母交代呈假象。

NTG B07

似斑状钾长花岗岩。风化面呈灰褐色，新鲜面呈灰绿色，似斑状结构，块状构造。岩石由斑晶和基质组成。斑晶为钾长石，粒度 1~3 cm，自形程度较高。基质由黑云母、石英组成，石英颗粒粒度 1~3 mm，黑云母围绕石英颗粒分布。

似斑状钾长花岗岩

HS B01

铅锌矿矿石。银灰色，粒状结构，块状构造。矿石矿物为方铅矿、闪锌矿，含量 50%~60%，多呈自形、半自形粒状，粒度约 3 mm，具金属光泽。脉石矿物为石英，多呈碎裂状、蜂窝状。

铅锌矿矿石

铅锌矿化碎裂石英脉

致密块状铅锌矿

MDL B01

菱铁矿化钙质粗中粒石英砂岩。岩石表面呈褐黄色，粒状结构，块状构造。主要矿物为石英岩屑。矿化主要以褐铁矿化为主，菱铁矿化次之。菱铁矿呈自形、半自形粒状零星分布。局部见石英细脉穿插分布。

菱铁矿化钙质粗中粒石英砂岩

MDL B02

含黄铁矿残余粒屑微晶白云岩。风化面呈淡褐红色，新鲜面呈灰色，微粉晶结构，块状构造。岩石由白云石（约 96%）、长石（约 2%）及黄铁矿（约 2%）组

含黄铁矿残余粒屑微晶白云岩

成。白云石，多呈半自形菱形，少呈自形晶，它形粒状，以粉晶为主，个别晶体粒度可达 0.5 mm。长石，半自形板状–它形粒状，零星分布。黄铁矿，它形粒状，零星分布于岩内。

YXZ B01

孔雀石化蓝铜矿化含海绿石细粒长石石英砂岩。风化面呈浅灰色，新鲜面呈灰白色，细粒结构，块状构造。岩石由陆源砂、填隙物及少量海绿石组成。陆源砂，由石英（约85%）、长石

孔雀石化蓝铜矿化含海绿石细粒长石石英砂岩

（5%~10%）组成，磨圆一般，呈次圆状、次棱角状，分选好，以细粒为主，杂乱分布。石英，多见单晶石英，有的具次生加大边。长石，多为钾长石，局部轻微高岭土化。填隙物（5%~10%），由硅质、铁质胶结物及黏土质杂基组成。海绿石，绿色，隐晶状集合体似圆状零星分布于岩内。局部见蓝铜矿、孔雀石，呈膜状分布。

YXZ B02

孔雀石化蓝铜矿化细粒石英砂岩。风化面呈浅灰褐色，新鲜面呈浅灰色，细粒结构，块状构造。岩石由陆

孔雀石化蓝铜矿化细粒石英砂岩

源砂、填隙物组成。陆源砂，由石英（90%~95%）及少量长石组成，磨圆一般，常见次圆状、次棱角状，分选较好，以细粒为主，杂乱分布。填隙物（5%~10%），由硅质、铁质胶结物及黏土质杂基组成。蓝铜矿呈点状分布于岩石表面，孔雀石似薄膜状分布于岩石表面。

YXZ B03

蓝铜矿化中细粒长石石英砂岩。中细粒砂状结构，块状构造。岩石由陆源砂、填隙物组成。陆源砂，由石英（85%~90%）、长石（5%~10%）、岩屑组成，磨圆一般，常见次圆状、次棱角状，分选好，以细粒为主。

蓝铜矿化中细粒长石石英砂岩

石英多见单晶石英，常见具次生加大边，少见硅质岩岩屑；长石包括钾长石、斜长石，以钾长石为主，具高岭土化；岩屑少见。填隙物（约5%），由硅质、钙质胶结物组成。蓝铜矿呈点状密集分布，直径1~5 mm，局部可见孔雀石呈浸染状分布。

YXZ B04

蓝铜矿化细粒石英砂岩。中粒、细粒砂状结构，块状构造。岩石由陆源砂、填隙物组成。陆源砂，由石英（约75%）、长石（约5%）、岩屑（约10%）及胶结物（约10%）组成，磨圆较差，以次棱角为主；分选较差，以细粒为主。石英多见单晶石英，少见多晶石英及硅质岩岩屑；长石包括钾长石、斜长石，以钾长石为主，局部轻微高岭土化；岩屑多见黏土岩、流纹岩、微晶白云岩等。填隙物（约10%），由钙质胶结物组成。蓝铜矿呈点状集中连片分布。

蓝铜矿化粗中粒岩屑石英砂岩

XZG B01

孔雀石化含砂质岩屑砾岩。紫红色，含砂质粒状结构，块状构造。岩石由陆源砾石（70%~75%）、砂（约20%）、填隙物（5%~10%）组成。陆源砾石，粒度以2~8 mm的细砾为主，杂乱分布，磨圆好，常见次圆状、圆状。

孔雀石化含砂质岩屑砾岩

岩屑包括石英岩、硅质岩、细砂岩等。陆源砂，由石英及少量岩屑组成，磨圆较好，以次圆状为主，分选一般，杂乱分布，以中粒为主。填隙物（5%~10%），由钙质、硅质胶结物组成。孔雀石，呈隐晶状、粉末状沿岩石风化面不均匀分布。

XZG B02

孔雀石化中细粒岩屑石英砂岩。浅灰绿色，中细粒砂状结构，块状构造。岩石由陆源砂、填隙物组成。陆源砂，由石英（约 75%）、岩屑（约 15%）、长石（约 5%）组成，磨圆较好，以次棱角状为主，杂乱分布，

孔雀石化中细粒岩屑砂岩

顺层排列，分选较好，以细粒为主。填隙物（约 5%），由硅质胶结物及黏土质杂基组成。孔雀石，呈隐晶状、粉末状，沿岩石风化面不均匀分布。

ZBS B01

葡萄状赤铁矿矿石。黄褐色，隐晶质结构，葡萄状构造。矿石矿物主要为针铁矿，黄褐色，纤维状，光泽暗淡，条痕黄褐色。脉石矿物肉眼难以分辨。

葡萄状赤铁矿矿石

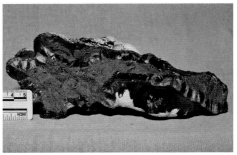

赤铁矿呈放射状　　　　　　　　　　赤铁矿呈环状

ZBS B02

针状赤铁矿矿石。紫红色、灰黑色，隐晶质结构，针状构造。矿石矿物主要为针铁矿，黄褐色，光泽暗淡，黄褐色条痕。

针状赤铁矿矿石

可看到直径 2~3 mm 的柱状针铁矿集合体，柱状体平行排列

ZBS B03

石英粉砂岩。浅灰绿色，变余粉砂结构，薄层构造。主要矿物为石英、长石，层理面可见白云母。褐铁矿化，呈细脉状。

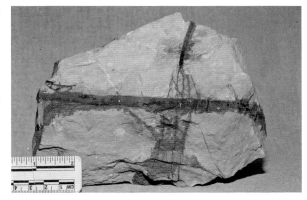

粉砂岩

ZBS B04

中粗粒石英砂岩。灰白色，变余中粗粒结构，块状构造。主要矿物为石英。褐铁矿化，呈细脉状、蜂窝状。

中粗粒石英砂岩

ZBS B05

细粒石英砂岩。灰白色，变余细粒结构，块状构造。主要矿物为石英。褐铁矿化，呈细脉状沿裂隙分布。

细砂岩

LZBS B01

赤铁矿矿石。紫红色，隐晶质结构，肾状、桑葚状、葡萄状构造。矿石矿物主要为赤铁矿，多呈纤维状，紫色条痕。脉石矿物为次生石英，多呈半自形长柱状，部分相对聚集似细脉状分布。

赤铁矿矿石

LTS B01

粗粒石英砂岩。灰白色，变余粗粒结构，块状构造。主要矿物为石英。硅化较强。

粗粒石英砂岩

LTS B03

含砾粗粒长石石英砂岩。灰白色，变余粗粒结构，块状构造。岩石由石英、长石及少量砾石组成。具褐铁矿化、绿泥石化。

含砾粗粒长石石英砂岩

LTS B04

赤铁矿化粗粒石英砂岩。岩石由陆源碎屑、填隙物组成。陆源碎屑，由石英（90%~95%）组成，磨圆较好，以次圆状为主，以约 0.5 mm 的中砂为主，见 2~5 mm 砾石相对聚集，呈透镜状分布。石英多见单晶石英，有的具

赤铁矿化粗粒石英砂岩

有次生加大边，少见多晶石英。填隙物，由硅质、铁质（赤铁矿，约2%）胶结物及少量黏土质杂基组成。硅质重结晶明显，呈石英的次生加大边产出；铁质呈微粒状，相对聚集线纹状绕砂粒分布；黏土质由黏土矿物组成，填隙状分布，部分重结晶为微鳞片状。岩内少见铁质充填微裂纹。岩石属于颗粒支撑，接触式胶结。

MDS B01

含赤铁矿中细粒石英砂岩。红褐色，含粗中粒砂状结构，块状构造。岩石由陆源砂、填隙物等组成。陆源砂，由石英（约 90%）及少量岩屑组成，磨圆较好，以次圆状为主，分选较差，以细粒为主，杂乱分布。填隙

含赤铁矿含粗中粒细粒石英砂岩

物（5%~10%）由铁质胶结物组成。

JCZ B01

　　轻碎裂状赤褐铁矿化细砂岩。灰褐色，细粒砂状、轻碎裂状结构，块状构造。岩石由陆源砂（约95%）、填隙物（2%~5%）组成。陆源砂，由石英、长石、岩屑组成，磨圆一般，次圆状，分选好，以细粒为主，杂乱

轻碎裂状赤褐铁矿化细砂岩

分布。填隙物，由硅质胶结物及黏土质杂基组成。岩石后期受构造作用轻碎裂具不规则状裂隙。赤褐铁矿呈隐晶状、粉末状沿裂隙充填。

JCZ B02

　　孔雀石化次生石英岩。紫褐色，半自形粒状结构，块状构造。岩石由次生石英（约50%）、黏土（5%~10%）、孔雀石（40%~45%）等组成。次生石英，自形－半自形长柱状，杂乱分布，粒度约0.5 mm。黏土，多

孔雀石化次生石英岩

呈隐晶状，相对聚集充填孔洞间。孔雀石，呈纤状，集合体呈放射状充填空洞间。

MCG B01

赤褐铁矿化蚀变煌斑岩。风化面呈褐黄色，新鲜面呈灰黑色，斑状结构，块状构造。由斑晶和基质组成。斑晶为黑云母、角闪石等，自形程度高。赤褐铁矿，呈隐晶状、土状，集合体沿裂隙分布。

赤褐铁矿化蚀变煌斑岩

MCG B02

赤褐铁矿化蚀变微晶石英闪长岩。灰褐色，微晶结构，块状构造。岩石由斜长石（约75%）、黑云母（10%~15%）、石英（5%~10%）、钾长石（约5%）组成。斜长石，呈微晶状，杂乱分布，粒度以微晶为主，具不同程

赤褐铁矿化蚀变微晶石英闪长岩

度黏土化、褐铁矿化、赤铁矿化等。黑云母，鳞片状，杂乱分布。石英，微

粒状，填隙状分布于斜长石粒间。钾长石，它形粒状，填隙状分布，高岭土化、碳酸盐化明显。

MCG B03

褐铁矿化含白云母石英岩。灰褐色，片状粒状变晶结构，定向构造。岩石由石英（90%~95%）、白云母（5%~10%）组成。石英，它形粒状，呈条带状分布，显定向，粒度约 0.5 mm。白云母，叶片状，多聚集呈条带

褐铁矿化含白云母脉石英

状、似透镜状定向分布，片径约 1 mm。褐铁矿，呈隐晶状、土状，聚集沿裂隙分布。

QLS B01

冶镁白云岩矿石。青灰色，微晶结构，块状构造。矿石矿物为白云石，脉石矿物为黏土矿物等。断面遇稀盐酸不起泡，遇其粉末起泡明显。

冶镁白云岩

YL B01

方铅矿化泥质灰岩。浅灰色，隐晶质结构，块状构造。岩石主要由方解石组成。可见方铅矿，颜色为铅灰色，粒状，与石英脉一起分布，粒度一般>2 mm，条痕为灰黑色，具强金属光泽。褐铁矿，隐晶状、粉末状，沿裂纹分布。

方铅矿矿石

YL B02

泥质灰岩。浅灰色，泥状结构，块状构造。主要矿物成分为方解石和黏土矿物。断面遇稀盐酸不起泡，但遇其粉末强烈起泡。

泥质灰岩

第二章　非金属矿产

　　宁夏的非金属矿产资源较为丰富，盐矿、芒硝、石膏、石灰岩、白云岩、硅石及贺兰石为宁夏优势非金属矿产。矿石品质较高，找矿成果较为显著，先后查明 50 多处中型以上非金属矿产地。各优势矿产具有分布广、储量大、质量优、开发技术条件好等特点。石灰岩、石英岩、白云岩主要分布于贺兰山、青龙山、牛首山、天景山等地。石膏 90% 以上资源储量分布在吴忠市盐池县、同心县与固原市原州区古近纪盆地和中卫市西部石炭纪地层中。盐矿分布于固原市原州区、西吉县境内，以硝口—上店子—寺口子一带，伴生有芒硝矿为主要代表，产于下白垩统六盘山群顶部乃家河组。贺兰石产自贺兰山滚钟口（位于银川市西北方向 35 km 处），今已停止开采。宁夏盐池县是全国闻名的石膏大县，已探明储量达 8 亿 t，潜在储量 30 亿 t，可满足国内未来50 年对天然石膏的资源需求，具有集中连片、埋藏浅、厚度大、形态规整、矿层稳定、开采成本低等特点。石膏矿石中二水硫酸钙含量达 70%~94%，品质优良，具备加工各类石膏产制品的原料要求。

第一节　典型非金属矿床特征简述

　　本次工作主要选取宁夏区内典型非金属矿床进行岩矿石标本采集，主要典型矿床（点）有石嘴山市惠农区柳条沟硅石矿床、石嘴山市惠农区大山头硅石矿床、贺兰山小口子贺兰石矿床、吴忠市盐池县青山乡陈记圈石膏矿床、吴忠市盐池县萌城石梁石灰岩矿床、中卫市常乐镇石蚬子建筑用白云岩矿床、中卫市梁水园子硅石矿床、中卫市天景山化工灰岩矿床、中卫市贺家口子石膏矿床和固原市硝口岩盐矿床。下面对典型矿床的地理位置、矿床规模、矿床类型、赋矿层位、岩矿石结构特征等进行简述。

一、石嘴山市惠农区柳条沟硅石矿床

柳条沟硅石矿床位于贺兰山北段东麓、柳条沟南侧，地属石嘴山市惠农区管辖。矿床规模属大型硅石矿床。矿床成因属海相沉积型。赋矿层位为石炭系土坡组。

矿石自然类型为石英砂岩型矿石和石英岩状砂岩型矿石。结构构造有不等粒砂状结构，层状、块状构造。石英含量达 95%，可用作冶金辅助原料。

二、石嘴山市惠农区大山头硅石矿床

大山头脉石英矿床位于贺兰山北段，地属石嘴山市惠农区管辖。矿床成因属热液型。矿床规模属中型硅石矿床。赋矿层位为青白口系黄旗口组。

矿石自然类型为热液石英脉型。矿石结构构造有隐晶质结构，块状构造。石英含量在 95%~100%，可以用作结晶硅原料。

三、吴忠市盐池县青山乡陈记圈石膏矿床

陈记圈石膏矿床位于盐池县石记场北，地属盐池县青山乡管辖。矿床规模属大型石膏矿床。矿床成因属海相蒸发沉积型。赋矿层位为古近系渐新统清水营组。

矿石自然类型有透明石膏矿石、雪花石膏矿石和泥石膏矿石。矿石结构构造有片状、结晶细粒状结构，平形、块状构造。

四、吴忠市盐池县萌城石梁石灰岩矿床

萌城石梁石灰岩矿床位于盐池县惠安堡镇萌城南石梁一带，地属盐池县惠安堡镇管辖。矿床规模属大型水泥灰岩矿床。矿床成因属海相化学沉积型。赋矿层位为奥陶系下中统天景山组。

矿石自然类型有浅灰-深灰色中厚层状灰岩矿石。矿石结构构造有碎屑、

微晶、泥晶结构，块状、厚层状、条带状、网纹状构造。其中，结构以碎屑状结构为主，构造以块状、厚层状构造为主。

五、中卫市天景山化工灰岩矿床

天景山化工灰岩矿床位于天景山腹地，地属中卫市宣和镇管辖。矿床规模属小型矿床。成因类型属海相化学沉积型。赋矿层位为奥陶系下统天景山组。

矿石自然类型有厚-巨厚层状灰岩矿石、泥晶-厚层状灰岩矿石、含燧石结核灰岩矿石和薄层-中厚层状角砾状灰岩矿石。矿石结构构造有隐晶-细晶、压碎角砾状结构，块状构造。

六、固原市硝口岩盐矿床

硝口岩盐矿床位于固原市原州区硝口-上店子地区，地属固原市原州区中河乡管辖。矿床规模属大型矿床。矿床成因为沉积型。赋矿层位为白垩系乃家河组。

矿石自然类型有块状岩盐矿石、角砾状岩盐矿石和碎裂状岩盐矿石。矿石结构构造有细晶、中晶结构，块状、角砾状、碎裂状和层理状构造。

第二节　标本简介

本次工作主要采用捡块的方法对非金属矿床进行标本采集，采集岩矿石标本共计 26 块（表 2-1）。其中采集矿石标本 18 块，岩性为不等粒石英砂岩、细粒石英岩（硅质岩）、脉石英、粉砂质板岩（贺兰石）、透明状石膏矿、雪花状石膏、条带状灰岩、白云质灰岩、硅质白云岩、粗粒石英砂岩、中粒石英岩、粗中粒石英砂岩、灰岩、花瓣状石膏、雪花状石膏、块状岩盐、碎裂状岩盐、块状岩盐等；采集围岩标本 8 块，岩性为含石榴石正长花岗岩、含石榴矽线粗中粒斑状正长花岗岩、中粗粒岩屑石英砂岩、含矽线中粗粒二长花岗岩、含石榴中粗粒二长花岗岩、中粗粒岩屑砂岩、二云斜长变粒岩、似斑状钾长花岗岩等。

表 2-1　宁夏非金属矿床岩矿石采集标本

序号	标本编号	标本名称	标本类型	矿床名称	备注
1	LTG B01	含石榴石正长花岗岩	围岩	石嘴山市惠农区柳条沟硅石矿床	LTGb01
2	LTG B02	不等粒石英砂岩	矿石		LTGb02
3	LTG B03	含石榴矽线粗中粒斑状正长花岗岩	围岩		LTGb03
4	DST B01	中粗粒岩屑石英砂岩	围岩	石嘴山市惠农区大山头硅石矿床	DSTb01
5	DST B02	含矽线中粗粒二长花岗岩	围岩		DSTb02
6	DST B03	细粒石英岩（硅质岩）	矿石		DSTb03
7	DST B04	含石榴中粗粒二长花岗岩	围岩		DSTb04
8	DST B05	脉石英	矿石		DSTb05
9	DST B06	中粗粒岩屑砂岩	围岩		DSTb06
10	ZYG B02	二云斜长变粒岩		贺兰山北段正义关地区	ZYGb02
11	ZYG B03	似斑状钾长花岗岩			
12	XKZ B01	粉砂质板岩（贺兰石）	矿石	贺兰山小口子贺兰石矿床	
13	YQC B01	透明状石膏	矿石	吴忠市盐池县青山乡陈记圈石膏矿床	
14	YQC B02	雪花状石膏	矿石		
15	MC B01	条带状灰岩	矿石	吴忠市盐池县萌城石梁石灰岩矿床	
16	MC B03	白云质灰岩	矿石		
17	SXZ B04	硅质白云岩	矿石	中卫市常乐镇石蚬子建筑用白云岩矿床	
18	LSY B01	粗粒石英砂岩	矿石	中卫市梁水园子硅石矿床	
19	LSY B02	中粒石英岩	矿石		LSYBb02
20	LSY B03	粗中粒石英砂岩	矿石		LSYb03

续表

序号	标本编号	标本名称	标本类型	矿床名称	备注
21	SKZ B01	灰岩	矿石	中卫市天景山化工灰岩矿床	
22	HJKZ B01	花瓣状石膏	矿石	中卫市贺家口子石膏矿床	
23	HJKZ B02	雪花状石膏	矿石		
24	XK B01	块状岩盐	矿石	固原市硝口岩盐矿床	
25	XK B02	碎裂状岩盐	矿石		
26	XK B03	块状岩盐	矿石		

第三节　标本图版

LTG B01

含石榴石正长花岗岩。风化面呈灰褐色，新鲜面呈灰白色，中粒花岗结构，块状构造。岩石由钾长石（约65%）、石英（约25%）、斜长石（8%）、石榴石（2%）及少量白云母组成。钾长石，近半自形板状，杂乱分布，粒度以 2~5 mm 的中粒为主，具高岭土化。石英，无色，它形粒状，杂乱分布，粒度一般 2~5 mm。斜长石，半自形板状，星散分布，粒度一般 0.5~1.5 mm，具不同程度的黏土化、绢云母化。石榴石，近圆状，零星分布，粒度 5~15 mm。白云母，叶片状，零星分布，片径约 0.5 mm。

含石榴正长花岗岩

LTG B02

不等粒石英砂岩。灰白色，不等粒砂状结构，似纹层状构造。矿石矿物为石英（约95%），脉石矿物为黏土等。石英，磨圆较好，以次棱角状为主，分选差，大部分约0.5 mm。

不等粒石英砂岩

LTG B03

含石榴矽线粗中粒斑状正长花岗岩。灰白色，似斑状–基质粗中粒花岗结构，块状构造。岩石由钾长石（约55%）、斜长石（约15%）、石英（约23%）、黑云母（3%）、石榴石（约1%）、矽线石（约2%）、董青石（约1%）组成。

含石榴矽线粗中粒斑状正长花岗岩

钾长石，近半自形板状–它形粒状，粒度以2~5 mm的中粒为主，见8~22 mm的似斑晶，轻微高岭土化。斜长石，半自形板状，杂乱分布，粒度一般0.5~2 mm，部分2~3 mm，具不同程度的黏土化、绢云母化。石英，无色，它形粒状，杂乱分布，粒度一般2~5 mm，部分5~6 mm。黑云母，叶片状，零星分布，片径一般0.5~2 mm。石榴石，近圆状，零星分布，大小一般0.5~1 mm，绿泥石沿裂纹充填并交代。

矽线石，呈半自形柱粒状、长柱状，相对聚集分布，粒度一般 0.5~2 mm，具不均匀绢云母化。董青石，它形粒状，零星分布，粒度 1~3 mm，常见被绢云母沿其边缘交代。

DST B01

中粗粒岩屑石英砂岩。浅灰色，中粗粒砂状结构，块状构造。岩石由陆源砂、填隙物组成。陆源砂，由石英（90%）及少量岩屑（约5%）组成，磨圆较好，以次圆状为主，分选较好，杂乱分布，大小以 0.5~1.5 mm

中粗粒岩屑石英砂岩

为主。石英多见单晶石英，常见次生加大边，少见硅质岩岩屑；岩屑见流纹岩、黏土岩等。填隙物，由硅质胶结物及黏土杂基组成。硅质胶结物重结晶作用明显，均已重结晶为石英的次生加大边；黏土质由黏土矿物组成。岩石属于颗粒支撑，接触式-孔隙式胶结。

DST B02

含矽线中粗粒二长花岗岩。灰白色，中粗粒花岗结构，块状构造。岩石由钾长石（约35%）、斜长石（约35%）、石英（25%）、黑云母（约2%）、董青石(约1%)、矽线石（约2%）组成。钾长石，近半自形板状-它形粒状，杂乱分布，粒度以 5~10 mm 为主。斜长石，近半自形板状，杂乱分布，粒度一一般 5~10 mm，具黏土化、绢云母化。石英，无色，它形粒状，杂乱分布，粒度一般 5~10 mm。黑云母，叶片状，相对聚集分布，片径一般 0.5~1.5 mm。董青石，它形粒状，零星分布，粒度一般 1~2 mm。矽线石，呈半自形柱粒状、长柱状，粒度一般 0.5~1.5 mm。

含矽线中粗粒二长花岗岩

DST B03

细粒石英岩状砂岩。灰白色，细粒砂状结构，纹层状构造。矿石矿物为石英（90%），脉石为岩屑。石英，磨圆好，以次圆状、圆状为主，分选较好，以细粒为主。岩屑少见黏土岩。

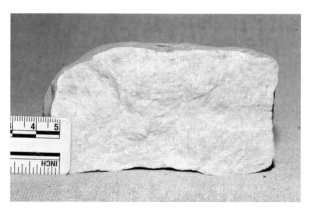

细粒石英岩状砂岩

DST B04

含石榴中粗粒二长花岗岩。灰白色，中粗粒花岗结构，块状构造。岩石由钾长石（约 40%）、斜长石（约 30%）、石英（约 25%）、石榴石（约 5%）、黑云母（少量）组成。钾长石，半自形板状–它形粒状，粒度以 5~11 mm 的粗粒为主。斜长石，半自形板状，杂乱分布，粒度一般 2~5 mm。石英，无色，它形粒状，粒度一般 2~5 mm。黑云母，叶片状，零星分布，片径一

含石榴中粗粒二长花岗岩

般 1 mm 左右。石榴石，近圆状，零星分布，粒度一般 1~10 mm。

DST B05

脉石英。灰白色，半自形粒状结构，块状构造。矿石矿物为石英(约 95%)，脉石矿物为白云母（1%~5%）及少量绢云母。石英，无色，它形粒状，粒度以 5 mm 左右为主，集合体似脉状分布。白云母，鳞片–叶片状，

脉石英

大多数相对聚集呈断续条纹状、线纹状定向分布，片径一般 0.5 mm。绢云母，微鳞片状，呈集合体状分布，集合体似交代矽线石等矿物假象。

DST B06

中粗粒岩屑砂岩。新鲜面呈灰色，中粗粒砂状结构，块状构造。岩石由陆源砂、填隙物组成。陆源砂，由石英（约60%）、岩屑（约35%）组成，磨圆较好，杂乱分布，以次圆状为主，分选较好，粒度以0.5~1 mm

中粗粒岩屑砂岩

为主。石英多见单晶石英，次生加大边现象发育，少见硅质岩岩屑。填隙物（约5%），由硅质胶结物及黏土杂基组成。岩石属于颗粒支撑，以接触式胶结为主，局部见孔隙式胶结。

ZYG B02

二云斜长变粒岩。风化面呈灰褐色，新鲜面呈深灰色，片状粒状变晶结构，平行粒状构造。岩石由石英（约50%）、斜长石（约30%）、白云母（约10%）、黑云母（约10%）组成。石英，无色，它形粒状，杂乱

二云斜长变粒岩

分布，显定向，粒度一般0.5 mm左右。斜长石，它形粒状，定向分布，粒度一般0.5 mm左右。白云母，鳞片-叶片状，部分相对聚集呈断续条纹状、

线纹状定向分布，部分与黑云母一起长轴定向分布长英质粒间，片径一般0.5 mm左右。黑云母，鳞片-叶片状，主长轴定向分布长英质间，片径一般0.5 mm左右。见长英质充填的细脉。

ZYG B03

似斑状钾长花岗岩。风化面呈灰褐色，新鲜面呈浅灰色，似斑状结构，块状构造。岩石由斑晶和基质组成。斑晶为钾长石，粒度1~5 cm，自形程度较高，具定向性。基质为黑云母、金云母、石英，黑云母、金云母集中分布于长石斑晶间隙中。

似斑状钾长花岗岩

XKZ B01

粉砂质板岩。底色为紫色，嵌有灰绿色条带、斑点，变余泥质结构，块状构造。主要矿物为水云母类黏土矿物层状，含量可达90%，少量绿泥石，含量可达10%，硬度低，可用小刀刻动，具贝壳状断口，微具吸

紫色间灰绿色粉砂质板岩

水性。

因其产自宁夏的贺兰山，故名"贺兰石"，是上乘的砚石材料。

YQC B01

透明状石膏。无色、白色，柱板状结构，平行构造。矿石矿物为石膏，玻璃光泽，解理面具珍珠光泽。脉石矿物为黏土矿物等。

透明状石膏

YQC B02

雪花状石膏。雪白色，细粒结构，块状构造。矿石矿物为石膏，白色，无解理，白色条痕。脉石矿物为黏土矿物等。因其晶面洁白如雪，故名。

雪花状石膏

HJKZ B02

花瓣状石膏。灰白色，细粒结构，块状构造。矿石矿物为石膏，无解理，白色条痕。脉石矿物为黏土矿物等。因部分集合体似花瓣，故名。

花瓣状石膏

HJKZ B03

雪花状石膏。雪白色，细粒结构，块状构造。矿石矿物为石膏，无解理，白色条痕。脉石矿物为黏土矿物等。因其晶面洁白如雪，故名。

雪花状石膏

MC B01

条带状灰岩。矿石矿物为方解石（约95%），脉石矿物为白云石、金属矿物等。遇稀盐酸起泡强烈。见方解石条带，宽 2~3 mm。

条带状灰岩

MC B03

白云质灰岩。灰色，微晶结构，块状构造。矿石矿物为方解石（50%~70%），脉石矿物为白云石（25%~50%）、黏土类矿物等。白色条痕。遇稀盐酸起泡不剧烈。见宽 1 mm 左右的方解石细脉。

白云质灰岩

SKZ B01

灰岩。深灰色，微晶结构，块状构造。矿石矿物为方解石（约95%），脉石矿物为白云石等黏土类矿物。滴稀盐酸起泡剧烈。见宽 2~5 mm 方解石细脉穿插分布。

灰岩

SXZ B04

硅质白云岩。紫红色，细晶结构，块状构造。主要矿物成分为白云石、玉髓、自生石英。见有方解石呈细

硅质白云岩

脉状充填于岩石中。断面遇稀盐酸不起泡，其粉末遇稀盐酸起泡明显。

LSY B01

粗粒石英岩。灰白色，粗粒砂状结构，块状构造。矿石矿物为石英（约 90%）、脉石矿物为黏土矿物等。石英，磨圆较好，以次圆状为主，分选较好，杂乱分布，粒度以 1 mm 左右粗砂为主。填隙物由硅质胶结物及黏土质杂基组成。岩石属于颗粒支撑，接触-孔隙式胶结。

粗粒石英岩

LSY B02

中粒石英岩。灰白色，中粒砂状结构，块状构造。矿石矿物为石英（约 90%），脉石矿物为长石、石英岩屑等。石英，磨圆较好，以次圆状为主，分选较好，杂乱分布，粒度以 0.5 mm 左右中砂为主。填隙物由硅质胶结物组成。岩石属于颗粒支撑，孔隙式胶结。

中粒沉积石英岩

LSY B03

粗中粒石英砂岩。浅灰色，粗中粒砂状结构，块状构造。矿石矿物为石英（约90%），脉石矿物为黏土岩屑等。石英，磨圆较好，以次圆状为主，分选较好，杂乱分布，粒度以 0.5 mm 左右的中砂为

粗中粒石英砂岩

主。填隙物由硅质胶结物及黏土质杂基组成。岩石属于颗粒支撑，接触–孔隙式胶结。

XKZ B01

块状岩盐。无色，透明，粗晶结构，块状构造。矿石矿物为石盐，含量约90%，玻璃光泽，白色条痕，具咸味。脉石矿物为白云石、黏土矿物等。

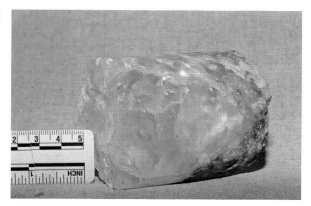

块状岩盐

XKZ B02

碎裂状岩盐。无色，细晶结构，碎裂状构造。矿石矿物为石盐，无色，透明，含量约35%，玻璃光泽，具咸味，可见角砾状粉砂质泥岩分布其中。脉石矿物为白云石、黏土矿物等。

碎裂状岩盐

XKZ B03

块状岩盐。矿石颜色为灰白色，粗晶结构，块状构造。矿石矿物为石盐，含量约70%左右，具咸味。脉石矿物为白云石、黏土矿物等。

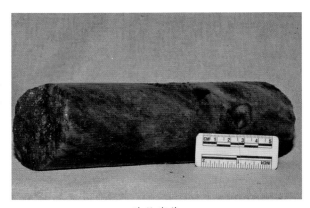

块状岩盐

第三章　可燃有机矿产

　　宁夏的有机能源矿产极为丰富，已探明资源量的有煤、石油、天然气、油页岩等，煤层气和页岩气已有发现，但由于勘查程度低，资源储量情况不明已被开采利用的有煤、石油、天然气等。煤炭资源主要分布在贺兰山、宁东、香山和宁南四个含煤区。石油主要分布在盐池县大水坑镇、麻黄山以及青山乡，灵武马家滩镇和彭阳县的部分地区也有发现。天然气资源主要产自盐池县，有定北气田和青石峁气田。宁夏的煤炭资源不仅探明资源量大，煤类齐全，煤质优良，而且埋藏条件好，潜在资源量大，具有广阔的开发利用前景。产自汝淇沟煤矿区的"太西煤"被誉为宁夏的"黑宝"，是国际市场上卖价最高和最抢手的煤种。

第一节　典型可燃有机矿产井田特征简述

　　本次有机能源矿产标本均采自煤矿区，采集矿石标本的煤矿区井田有石嘴山市汝淇沟煤矿区大峰沟井田、灵武市横城煤矿区红石湾井田、中卫市卫宁北山煤田碱沟山煤矿区、固原市彭阳县王洼煤矿区二矿和固原市彭阳县王洼煤矿区银洞沟井田。下面对 典型可燃有机矿产井田的地理位置、矿床规模、矿床类型、赋矿层位、矿石结构特征等进行简述。

一、石嘴山市汝淇沟煤矿区大峰沟井田

　　汝淇沟煤矿区大峰沟井田位于贺兰山北段汝淇沟，石嘴山市西约 25 公里，地属平罗县崇岗镇管辖。属大型矿区。矿床成因为生物化学沉积型。赋煤层位为侏罗系中统延安组。煤的成因类型为腐植煤。

二、灵武市横城煤矿区红石湾井田

　　横城煤矿区红石湾井田位于银川市东部，地属银川市宁东镇管辖。属于

大型矿区。矿床成因属生物化学沉积型。赋煤层位为侏罗系中统延安组。煤的成因类型为腐殖煤。

三、中卫市卫宁北山煤田碱沟山煤矿区

碱沟山煤矿区位于中卫市卫宁北山，地属中宁县石空镇管辖。属于小型矿区。矿床成因属生物化学沉积型。赋煤层位为上石炭统土坡组。煤的成因类型为腐植煤。

四、固原市彭阳县王洼煤矿区二矿

王洼煤矿区二矿位于银南山区，地属固原市彭阳县王洼镇管辖。属于大型矿区。矿床成因属生物化学沉积型。赋煤层位为侏罗系中统延安组。煤的成因类型为腐植煤。

五、固原市彭阳县王洼煤矿区银洞沟井田

王洼煤矿区银洞沟井田位于银南山区，地属固原市彭阳县王洼镇管辖。属于大型矿区。管辖矿床成因属生物化学沉积型。赋煤层位为侏罗系中统延安组。

煤的成因类型为腐值煤。结构构造有条带状、均一状结构，层状、块状构造。

第二节 标本简介

本次工作主要采用捡块的方法对煤矿区井田进行煤岩标本采集，采集煤岩标本共计 5 块（表 3-1）。煤岩宏观类型为光亮煤、半光亮煤、半暗淡煤、暗淡煤。

表 3-1　宁夏有机能源矿产煤矿区井田煤岩采集标本

序号	标本编号	标本名程	标本类型	矿床名称	备注
1	RJG B01	光亮煤	煤岩	石嘴山市汝淇沟煤矿区大峰沟井田	
2	HSW B01	暗淡煤	煤岩	灵武市横城煤矿区红石湾井田	
3	YDG B01	暗淡煤	煤岩	固原市彭阳县王洼煤矿区银洞沟井田	
4	JGS B01	半光亮煤	煤岩	中卫市卫宁北山煤田碱沟山煤矿	
5	WW2K B01	半暗淡煤	煤岩	固原市彭阳县王洼煤矿区二矿	

第三节　标本图版

RJG B01

光亮煤。黑色，均一状结构，块状构造。煤岩组分主要为镜煤和亮煤，含量约90%。黑色条痕，玻璃光泽，脆度大，贝壳状断口，比重小，内生裂隙发育。宁夏境内称为"太西煤"。

光亮煤

HSW B01

暗淡煤。黑色，条带状，线理状结构，块状构造。煤岩组分由亮煤和镜煤组成，含量少，仅15%~20%。以暗煤为主，黑色条

暗淡煤

痕，沥青光泽，断口粗糙，比重较大。内生裂隙不发育。

JGS B01

半光亮煤。黑色，条带状结构，层状构造。煤岩组分以亮煤和暗煤为主，含量60%~70%。黑色条痕，弱玻璃光泽，脆度大，参差状、贝壳状断口，比重较小。内生裂隙较发育。

半光亮煤

WW2K B01

半暗淡煤。黑色，条带状结构，层状构造。镜煤和亮煤含量较少，含量20%~30%。暗煤和丝炭含量较多，黑色条痕，光泽较暗淡，内生裂隙不发育。煤种属于烟煤，因燃烧时有很长的火焰，故得名长焰煤。

半暗淡煤

YDG B01

暗淡煤。黑色，条带状结构，层状、块状构造。镜煤和亮煤含量 15%~20%。以暗煤为主，光泽暗淡，致密坚硬，比重大，不易破碎，断面粗糙。内生裂隙不发育。偶见黄铁矿微粒呈星散状分布。

暗淡煤

第四章 观赏性岩石

第一节　标本简介

　　本次采集宁夏区内观赏性岩石标本的地区有西吉县火石寨、盐池县萌城石梁、中宁县余丁乡黄羊湾和中卫市常乐镇石蚬子。主要采用捡块的方法进行岩石标本采集，采集标本共计 8 块（表 4-1）。岩性为含砾粗粒长石砂岩、砾质粗粒长石砂岩、钟乳状方解石、棒状方解石、条带状方解石、燧石岩、燧石岩、燧石岩。

表 4-1　其他岩石标本采集一览表

序号	标本编号	标本名称	标本类型	采集地点	备注
1	HSZ B01	含砾粗粒长石砂岩	观赏石	固原市西吉县火石寨	
2	HSZ B02	砾质粗粒长石砂岩	观赏石		HSZb02
3	MC B02	钟乳状方解石	观赏石	吴忠市盐池县萌城石梁	
4	MC B04	棒状方解石	观赏石		
5	HYW B01	条带状方解石（肉石）	观赏石	中卫市中宁县余丁乡黄羊湾	
6	SXZ B01	赤铁矿硅质岩（碧玉岩）	观赏石	中卫市常乐镇石蚬子	SXZb01
7	SXZ B02	硅质岩（碧玉岩）	观赏石		
8	SXZ B03	硅质岩（碧玉岩）	观赏石		SXZb03

第二节 标本图版

HSZ B01

含砾粗粒长石砂岩。肉红色，含砾粗粒砂状结构，块状构造。岩石由陆源砾、砂、填隙物组成。砾石，粒度 2~4 mm，磨圆较好，为次圆状。陆源砂，主要由长石石英颗粒组成，磨圆较差，以次棱角为主。填隙物，由铁质、钙质胶结物组成。

含砾粗粒长石砂岩

HSZ B02

砾质粗粒长石砂岩。肉红色，砾质粗粒砂状结构，块状构造。岩石由陆源砾石、砂、填隙物组成。砾石，粒度 2~8 mm，磨圆度较差。陆源砂，由长石石英颗粒组成，分选较差，以次棱角为主。填隙物，由铁质、钙质胶结物组成。岩石属颗粒支撑，接触-孔隙式胶结。

砾质粗粒长石砂岩

由于山体岩石呈现暗红色，如同一团燃烧的火焰，故而被人称为火石。火石寨也是我国迄今发现海拔最高的丹霞地貌群，被誉为"中国最壮美丹霞地貌""中国的科罗拉多大峡谷"。

MC B02

钟乳状方解石。钟乳状集合体，表面为淡黄—白色。遇稀盐酸起泡剧烈。

钟乳状方解石

MC B04

棒状方解石。外观呈棒状，表面为白色，断面呈同心圆状。遇稀盐酸起泡剧烈。

棒状方解石

HYW B01

条带状方解石（肉石）。黄白色相间，细粒结构，表面钟乳状、断面条带状构造。主要矿物成分为方解石。断口土状光泽。可见被包裹的灰岩角砾。遇稀盐酸剧烈气泡。断面，黄白两色呈条带相间，恰似有肥有瘦的猪肉，故名。

条带状方解石　　　　　　　　　　　含角砾条带状方解石

SXZ B01

赤铁矿硅质岩（碧玉石）。紫红色，隐晶质结构，块状构造。见方解石细脉。主要成分为隐晶质石英。无解理，贝壳状断口，白色条痕。

紫红色燧石岩

SXZ B02

硅质岩（碧玉石）。紫黑色，隐晶质结构，块状构造。岩石由玉髓和少量隐晶质石英组成。无解理，贝壳状断口，白色条痕。见方解石细脉。

紫黑色燧石岩

SXZ B03

硅质岩（碧玉石）。红色，隐晶质结构，块状构造。岩石由玉髓和少量隐晶质石英组成。无解理，贝壳状断口，白色条痕。方解石细脉。

红色燧石岩

第五章 显微镜下岩矿石结构、构造类型特征

NTGb01

角砾状石英岩（脉）。角砾状结构，块状构造。主要由石英（Qtz）组成。石英，无色，大多数呈它形粒状，少数近半自形板状，杂乱分布，粒度 0.1~2.5 mm，受构造作用影响，脆韧性作用明显，较粗粒粒内强波状

角砾状结构　（+）　10×2

状、带状消光、亚颗粒现象明显，常见<0.1 mm 糜棱物相对聚集分布或绕较粗粒石英边缘或其粒内裂纹分布。岩石后期受多期构造作用碎裂，不规则网脉状裂隙发育，部分碎裂呈角砾、碎斑等，角砾间相对位移不大，常见硅质碎粉及不透明矿物（主为褐铁矿）等沿裂隙充填。

NTGb02

轻碎裂状细粒斑状二长花岗岩。似斑状－基质细粒花岗结构、轻碎裂状结构，块状构造。岩石由斑晶、基质组成。斑晶为钾长石（Kfs）。钾长石呈半自形粒状，零星分布，粒度 2~10 mm，轻微高岭土化、黏

似斑状－基质细粒花岗结构　（+）　10×2

土化等，粒内裂纹发育，常见绿泥石等沿其充填，局部粒内见斜长石、黑云

母包体，少交代斜长石。基质，由斜长石（Pl）、钾长石（Kfs）、石英（Qtz）及少量黑云母组成，粒度<2 mm。斜长石呈近半自形板状–它形粒状，杂乱分布，具不均匀绢云母化(少数绢云母集合体似交代董青石假象）等，少数被钾长石蠕虫状交代；钾长石呈它形粒状，不均匀分布，轻微黏土化；石英呈它形粒状，呈集合体状分布，粒内具波状消光；黑云母呈叶片状，零星分布，多被绿泥石交代呈假象，少残留。

岩石后期受构造作用轻碎裂具不规则状裂隙，常见次生石英、不透明矿物等充填的裂隙。

NTGb04

二云斜长片麻岩。片状粒状变晶结构，似片麻状构造。主要矿物由石英（Qtz，约 50%）、斜长石（Pl，25%~30%）、白云母（Ms，10%~15%）、黑云母（Bt，5%~10%）组成。石英，无色，它形粒状，集

片状粒状变晶结构（+）10×2

合体似透镜状、断续条纹状定向分布，粒度 0.1~2 mm，以 0.5~2 mm 为主，粒间齿状镶嵌，少数穿孔状交代斜长石。斜长石，它形粒状，相对聚集呈条纹状、断续条带状分布，粒度一般 0.1~0.3 mm，少数 0.3~1.8 mm，具黏土化、局部绢云母化、碳酸盐化，大多数表面脏，局部被石英穿孔状交代。白云母、黑云母，鳞片–叶片状，以白云母为主，黑云母次之，主相对聚集呈断续条纹状、线纹状定向分布，少数零星长轴定向分布长英质

粒间，片径一般 0.1~0.6 mm。其中黑云母多被绿泥石交代呈假象，少见褐色残留。

NTGb06

含堇青黑云二长浅粒岩。片状粒状变晶结构，似定向构造。岩石由石英（Qtz，约 55%）、斜长石（Pl，约 15%）、钾长石（Kfs，15%~20%）和黑云母（5%~10%）、堇青石假象（Crd，5%）组成。石英，无色，它形粒状，杂乱分布，显定向，具

片状粒状变结构 （+） 10×2

一级灰–灰黄干涉色，粒度 0.1~4 mm，以 0.5~2 mm 为主，粒内具波状、带状消光，粒间齿状镶嵌，少数较粗粒包嵌斜长石、黑云母。斜长石，它形粒状，杂乱分布，显定向，粒度一般 0.2~1.2 mm，强黏土化、局部绢云母化等，大多数被蚀变矿物覆盖，少被石英穿孔状交代。钾长石，主为正长石，它形粒状，杂乱分布，略显定向，粒度一般 0.2~1.4 mm，具不均匀高岭土化，多数表面脏。黑云母，鳞片–叶片状，长轴定向分布长英质粒间，片径一般 0.1~0.6 mm，多被绿泥石、绢云母交代呈假象，极少数晶残留。堇青石假象，圆卵状、它形粒状，星散分布，粒度一般 0.2~0.8 mm，均被绢云母交代呈假象，局部见绢云母沿粒内裂纹眼睫毛状交代。

MDLb01

菱铁矿化钙质粗中粒石英砂岩。粗中粒砂状结构，块状构造。主要矿物由石英（Qtz，70%~75%）、胶结物（25%~30%）组成。石英，磨圆较好，以次圆状为主，次棱角状次之，分选一般，杂乱分布，粒度以 0.25~

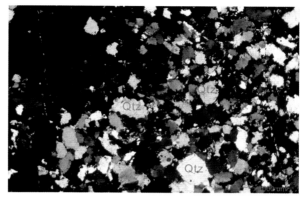

粗中粒砂状结构（+）10×2

0.5 mm 的中砂为主，0.5~2 mm 的粗砂次之，0.1~0.25 mm 的细砂少。石英端元主见单晶石英，次生加大边现象较发育，多晶石英少。局部见少量鳞片状、圆状白云母零星分布岩内。胶结物由钙质、硅质胶结物组成。钙质包括白云石、方解石，部分相对聚集不规则堆状分布，部分填隙于砂粒间，具不同程度褐铁矿化。白云石呈半自形菱形，粒度 0.05~0.5 mm，方解石呈它形粒状，粒度 0.02~0.15 mm。硅质重结晶明显，均已重结晶为石英的次生加大边或微粒状石英绕砂粒分布。岩内少见硅质、碳酸盐等充填裂隙。

MDLb02

含菱铁矿残余粒屑微粉晶白云岩。残余粒屑微粉晶结构，块状构造。主要矿物由白云石（Dol，约96%）、钠长石（Ab，约2%）及不透明矿物（2%）组成。白云石，主呈半自形菱形，少呈自形晶、它形粒状，不均匀分布，粒度以 0.03~0.06 mm 的粉晶为主，0.01~0.03 mm 的微晶次之，少量 0.06~0.25 mm 的细晶，个别晶体粒度达 0.6 mm（具雾边亮心结构，可能为交代棘皮类等生物碎屑）。部分微晶或粉晶集合体似次圆状砂屑或藻类等生物碎屑影子状外形。钠长石，近半自形板状－它形粒状，零星分布岩内，粒度 0.05~0.3 mm，有的简单或聚片双晶，个别颗粒间微粒状白云石残留，推测为后期蚀变矿物。不透明矿物，半自形－它形粒状，不均匀分布岩内，少

残余粒屑微粉晶结构（－）10×2

数沿裂隙分布，推测主为沿裂隙充填并不均匀交代岩石。岩石局部碎裂具不规则状裂隙，同岩石成分的碎粒、碎粉及亮晶白云石、不透明矿物等沿裂隙充填。

YXZb01

孔雀石化蓝铜矿化含海绿石细粒长石石英砂岩。细粒砂状结构、轻碎裂状结构，块状构造。主要矿物由石英（Qtz，约 85%）、长石（Kfs，5%~10%）、黏土质杂基（5%~10%）、少量海绿石及胶结物组成。石英、长

细粒砂状结构（+）10×2

石，磨圆一般，次圆状、次棱角状均常见，分选较好，粒度以 0.06~0.25 mm 的细砂为主，杂乱分布，0.25~0.5 mm 的中砂较少，少见 0.5~0.65 mm 的粗砂，不均匀混杂细砂间。石英端元主见单晶石英，有的具次生加大边，少见硅质

岩岩屑；长石端元包括钾长石、斜长石，以钾长石为主，主为微斜长石，格子双晶较发育，局部轻微高岭土化。胶结物主要以硅质、铁质为主，少量黏土质。硅质重结晶为石英的次生加大边产出；铁质呈微粒状，相对聚集不规则堆状填隙状分布；黏土质由<0.005 mm 的黏土矿物组成，填隙状分布。局部见蓝铜矿、孔雀石相对聚集填隙状分布。海绿石，绿色，隐晶状集合体似圆状零星分布岩内。岩石属于颗粒支撑，接触式-孔隙式胶结。

岩石后期受构造作用轻碎裂具不规则状裂隙，铁质、蓝铜矿、孔雀石及硅质等等沿裂隙充填。

YXZb02

孔雀石化蓝铜矿化细粒石英砂岩。细粒砂状结构，块状构造。主要矿物由石英（Qtz，90%~95%）、少量长石（少）、黏土及胶结物（5%~10%）组成。石英，磨圆一般，次圆状、次棱角状均常见，分选较好，粒度以

含中粒细粒砂状结构（+）10×2

0.06~0.25 mm 的细砂为主，杂乱分布，0.25~0.5 mm 的中砂较少，相对聚集似纹层状、似透镜状分布。石英端元主见单晶石英，常见具次生加大边，少见硅质岩岩屑；长石端元主见钾长石，轻微高岭土化。胶结物主要由硅质、铁质及黏土质杂基组成。硅质胶结物重结晶作用明显，已重结晶为石英的次生加大边产出；铁质呈微粒状，相对聚集不规则堆状填隙状分布；黏土质由<0.005 mm 的黏土矿物组成，相对聚集填隙状分布。少见蓝铜矿、孔雀石相

对聚集填隙状分布。岩石属于颗粒支撑，接触式-孔隙式胶结。岩内少见铁质等不透明矿物、硅质等充填微裂纹。

YXZb04

蓝铜矿化细粒石英砂岩。含细粒砂状结构，块状构造。主要矿物由石英（Qtz，约 75%）、长石（约 5%）、岩屑（Det，约10%）及胶结物（约 10%）组成。石英、长石，磨圆较差，次棱角状较多，次圆状次之，

含粗中粒细粒砂状结构（一）10×2

分选较差，粒度以 0.06~0.25 mm 的细砂相对较多，杂乱分布，0.25~0.5 mm 的中砂及 0.5~1.1 mm 的粗砂相对聚集分布细砂间。石英端元主见单晶石英，少见多晶石英及硅质岩岩屑；长石端元包括钾长石、斜长石，以钾长石为主，局部轻微高岭土化；岩屑端元主见黏土岩、流纹岩、微晶白云岩等。胶结物由钙质组成，成分为白云石，它形粒状，填隙状分布，粒度一般 0.02~0.1 mm。岩石属于颗粒支撑，主孔隙式胶结，少接触式胶结。岩内见方解石及少量硅质充填的不规则状裂隙。

XZGb01

孔雀石化含砂质岩屑砾岩。含砂质砾状结构，块状构造。主要矿物由砾石（70%~75%）、砂（约 20%），主要为石英（Qtz），次为岩屑（Det）及胶结物（5%~10%）组成。砾石，粒度一般 2~30 mm（结合标本），以 2~8 mm 的细砾

为主，8~30 mm 的中砾次之，杂乱分布，磨圆好，常见次圆状、圆状，少数次棱角状。岩屑包括石英岩、硅质岩（Siliceous）、细砂岩、流纹岩、板岩等。有的岩屑粒内见碳酸盐、石英等充填的裂隙，有的被碳酸盐、重

含砂质砾状结构　（+）　10×1.25

晶石等不均匀交代。石英，磨圆较好，以次圆状为主，次棱角状次之，分选一般，杂乱分布，粒度 0.15~0.5 mm，以中砂为主，细砂次之。岩屑端元偶见流纹岩及千枚岩。胶结物为钙质、硅质及自生重晶石组成。钙质由方解石组成，它形粒状，填隙状分布砂砾间，粒度 0.1~1.5 mm，局部被自形白云石（Dol）交代；硅质胶结物重结晶为微粒状石英或石英的次生加大边；重晶石呈半自形板状，相对聚集填隙于砂砾间，粒度 0.5~2 mm。岩内局部见次生石英、碳酸盐及孔雀石等充填的裂纹。

XZGb02

孔雀石化中细粒岩屑石英砂岩。中细粒砂状结构，块状构造。岩石由石英（Qtz，约 75%）、长石（约 5%）、岩屑（Det，约 15%）及胶结物（约 5%）组成。石英、岩屑、长石，磨圆较

中细粒砂状结构　（-）　10×2

好，以次圆状为主，次棱角状较少，杂乱分布，顺层排列，分选较好，粒度以 0.06~0.25 mm 的细砂为主，0.25~0.5 mm 的中砂次之，0.5~0.6 mm 的粗砂少。石英端元主见单晶石英，有的具次生加大边，多晶石英及硅质岩少；岩屑成分主见千枚岩、黏土岩、流纹岩，少见叶片状白云母长轴定向分布；长石端元包括钾长石、斜长石，钾长石有的隐约见格子双晶，具不均匀高岭土化、黏土化等。胶结物由硅质胶结物及黏土质组成。硅质重结晶为石英的次生加大边；黏土质由<0.005 mm 的黏土矿物组成，相对聚集填隙状分布，局部已变为微鳞片状绢云母。岩石属于颗粒支撑，接触式胶结。

ZBSb01

赤铁矿。矿物多呈半自形粒状结构，肾状构造。主要由次生石英（Qtz）、不透明矿物组成（多为金属矿物）。次生石英，主呈半自形长柱状，少呈它形粒状，相对聚集似细脉状、透镜状填隙于不透明矿物粒间，粒

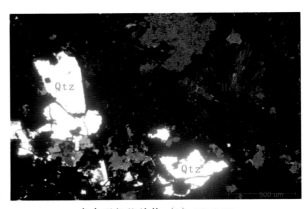

半自形粒状结构（+）10×1.25

度一般 0.1~1 mm，粒内轻波状消光，有的粒内包嵌不透明金属矿物。

LTSb04

赤铁矿化粗粒石英砂岩。粗粒砂状结构，块状构造。主要矿物成分由石英（Qtz）、少量黏土（Cla）组成。硅质、铁质胶结，以铁质胶结物为主。石英，磨圆较好，以次圆状为主，次棱角状较少，粒度以 0.25~0.5 mm 的中砂为

主，0.5~2 mm 的粗砂次之，0.1~0.25 mm 的细砂少。硅质重结晶明显，呈石英的次生加大边产出；铁质呈微粒状，相对聚集线纹状绕砂粒分布；黏土质由<0.005 mm 的黏土矿物组成，填隙状分布，部分重结晶为微鳞片状。

粗中粒砂状结构 （+）10×2

MDSb01

含中细粒石英砂岩。含粗中粒细粒砂状结构，块状构造。主要矿物由石英（Qtz，约 90%）、岩屑（少）、胶结物（5%~10%）组成。石英，磨圆较好，以次圆状为主，次棱角状较少，分选较差，粒度以 0.1~

含粗中粒细粒砂状结构 （−）10×2

0.25 mm 的细砂相对较多，杂乱分布，0.25~0.5 mm 的中砂及 0.5~1 mm 的粗砂较少，不均匀分布细砂间。石英端元主见单晶石英，少见多晶石英及硅质岩。岩屑少见流纹岩。胶结物由铁质胶结物组成。铁质呈微粒状、隐晶状，相对聚集填隙于砂粒间，具体成分结合光片鉴定考虑，少见铁质不均匀交代陆源砂。孔隙呈不规则状，少数近圆状，不均匀分布。有的分布于陆源砂粒间，有的分布填隙物间。岩石属于颗粒支撑，接触–孔隙式胶结。

JCZb01

　　轻碎裂状赤铁矿化细砂岩。细粒砂状结构、轻碎裂状结构，块状构造。岩石由陆源砂、填隙物组成。陆源砂（95%）由石英（Qtz）、长石、岩屑端元组成，磨圆一般，次圆状、次棱角状均常见，分选好，粒度以0.06~0.25 mm的细砂为主，杂乱

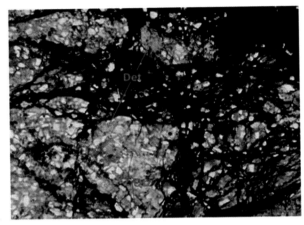

补图注

分布，0.25~0.35 mm的中砂少，零星分布细砂间。石英端元主见单晶石英，粒内具波状消光，少数具次生加大边，有时见硅质岩岩屑；长石具不均匀绢云母化，常见被绢云母覆盖，长石种属无法准确确定；岩屑见黏土岩等，局部被绢云母交代，少见鳞片状白云母。由于局部绢云母化作用较强，无法确定长石及岩屑含量。填隙物：由硅质胶结物及黏土质杂基组成。硅质重结晶为石英的次生加大边产出；黏土质由<0.005 mm的黏土矿物组成，主填隙状分布，部分相对聚集似透镜状分布，大多数已变为微鳞片状绢云母。岩石属于颗粒支撑，接触式胶结。

　　岩石后期受构造作用轻碎裂具不规则状裂隙，铁质、碳酸盐等沿裂隙充填。

JCZb02

孔雀石化次生石英岩。半自形粒状结构，块状构造。主要矿物由次生石英（Qtz，约50%）、黏土（5%~10%）及不透明矿物（40%~45%）组成。次生石英，自形-半自形长柱状，杂乱分布，粒度 0.1~0.75 mm，粒

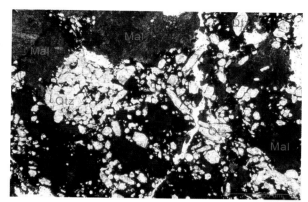

半自形粒状结构　（+）　10×2

内包嵌少量铁质、碳酸盐等，表面显脏，有的由于包嵌矿物隐约显示环带结构。黏土由<0.005 mm 的黏土矿物组成，多呈隐晶状，少呈微鳞片状，相对聚集似充填孔洞间。不透明矿物，以绿色孔雀石（Mal）为主，相对聚集充填孔隙间，深褐色铁质呈微粒状、尘点状填隙于次生石英间。

MCGb01

赤褐铁矿化蚀变煌斑岩。斑状-基质包含嵌晶结构，块状构造。矿物主要由长英质（Felsic，约85%）、斜长石（Pl，约5%）、黑云母（Bt，约10%）组成。斑晶为斜长石，粒度 0.2~4.2 mm。黑云母呈叶片状，零星分

斑状-基质包含嵌晶结构　（+）　10×2

布，粒内常见针状金红石包体，被碳酸盐、绿泥石沿其边缘或解理交代，少

数碳酸盐化强呈假象；斜长石呈半自形板状，零星分布，具黏土化、绢云母化等。基质由长英质及黑云母组成，粒度<0.2 mm。长石呈微粒状、微晶板条状、指纹状嵌布在石英基底上构成包含嵌晶结构，集合体杂乱分布，其中微晶板条状长石主为斜长石，蚀变特征同斑晶；黑云母呈鳞片状，零星分布岩内，多色性及蚀变特征同斑晶。局部见硅质、碳酸盐相对聚集不规则堆状交代基质。岩内见碳酸盐、铁质等充填的裂隙。

MCGb02

赤褐铁矿化蚀变微晶石英闪长岩。微晶结构，块状构造。岩石由斜长石（PI，约 75%）、黑云母（Bt，10%~15%）、石英（5%~10%）、钾长（约 5%）石组成。斜长石，主呈微晶半自形板状，少数略显宽板状，杂乱

微晶结构（－）10×2

分布，粒度以 0.05~0.2 mm 的微晶为主，0.2~0.4 mm 的细晶少，具不同程度黏土化、褐铁矿化、碳酸盐化等，大多数表面脏。黑云母，以<0.2 mm 的鳞片状为主，杂乱分布，少数 0.2~0.5 mm 的叶片状零星分布，大多数被绢云母、绿泥石、碳酸盐等不均匀交代呈假象，极少数残留，局部并析出铁质、金红石。石英，微粒状，填隙状分布斜长石粒间分布，粒度一般 0.02~0.1 mm。钾长石，它形粒状，填隙状分布，高岭土化、碳酸盐化等明显，粒度 0.02~0.1 mm。岩内见碳酸盐、铁质、次生石英等充填裂隙。

MCGb03

　　褐铁矿化含白云母石英岩。片状粒状变晶结构，定向构造。主要矿物由石英（Qtz，90%~95%）、白云母（Ms，5%~10%）组成。石英，它形粒状，相对聚集呈条带状分布，略显定向，粒度一般 0.1~0.5 mm，少数<

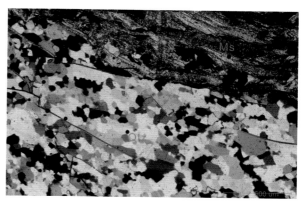

片状粒状变晶结构 （+） 10×2

0.1 mm，粒间部分齿状镶嵌，部分近平直镶嵌。白云母，叶片状，大多数相对聚集呈条纹状、似透镜状定向分布，少数长轴定向分布石英粒片间，片径一般 0.3~1.3 mm。岩内见铁质等充填裂隙。

LTGb01

　　含石榴石正长花岗岩。中粒花岗结构，块状构造。主要矿物由钾长石（Kfs，约 65%）、石英（Qtz，约 25%）、斜长石（Pl，约 8%）、石榴石（Grt，约 2%）及少量白云母组成。钾长石，主为正条纹长石，近半自形板状，杂乱分布，粒度

中粒花岗结构 （+） 10×1.25

以 2~5 mm 的中粒为主，少数 0.5~2 mm，具高岭土化，有时被石英乳滴状交代。石英，无色，它形粒状，杂乱分布，粒度一

般 2~5 mm，部分 0.5~2 mm，粒内具波状消光，局部蠕虫状交代石榴石、乳滴状交代钾长石。斜长石，半自形板状，星散分布，粒度一般 0.2~1.8 mm，具不同程度黏土化、绢云母化，大多数表面脏，少被钾长石补片状交代。石榴石，近圆状，零星分布，粒度 5~15 mm，粒内裂纹发育，常见绢云母沿裂纹充填，局部被石英蠕虫状交代。白云母，叶片状，零星分布，片径一般 0.2~0.6 mm，部分可能为交代黑云母的产物。

LTGb02

不等粒石英砂岩。不等粒砂状结构，似纹层状构造。主要矿物由石英（Qtz，约 95%）、少量黏土矿物及胶结物组成。石英，磨圆较好，以次圆状为主，次棱角状少，分选差，大部分 0.25~0.5 mm 的中砂，部分

不等粒砂状结构（+）10×2

0.5~1 mm 的粗砂，以上两者相对聚集呈纹层状分布，0.06~0.25 mm 的细砂相对聚集纹层状分布。石英端元主见单晶石英，有的具次生加大边。胶结物主要以硅质、钙质、铁质主。硅质重结晶明显，呈石英的次生加大边产出；钙质成分为方解石，它形粒状，粒度一般 0.03~0.2 mm，相对聚集填隙状分布；铁质呈微粒状，相对聚集填隙状分布；黏土质由<0.005 mm 的黏土矿物组成，填隙状分布，大部分变为微鳞片状绢云母。岩石属于颗粒支撑，接触式胶结。

LTGb03

含石榴矽线粗中粒斑状正长花岗岩。似斑状–基质粗中粒花岗结构，块状构造。主要矿物由钾长石（Kfs，约55%）、斜长石（Pl，约15%）、石英（Qtz，约23%）、黑云母（约3%）、石榴石（约1%）、矽线石（约2%）、

似斑状–基质粗中粒花岗结构　（+）　10×1.25

董青石(约1%)组成。钾长石，主为微斜长石，近半自形板状–它形粒状，杂乱分布，粒度以2~5 mm的中粒为主，5~7 mm的粗粒次之，0.8~2 mm的细粒少，结合手标本见8~22 mm的似斑晶（10%），轻微高岭土化，格子双晶较发育，少数粒内见斜长石包体，常见交代斜长石交代。斜长石，近半自形板状，杂乱分布，粒度一般0.2~2 mm，部分2~3 mm，具不同程度黏土化、绢云母化，大多数表面脏，局部与钾长石接触部位具交代蠕虫结构。石英，无色，它形粒状，杂乱分布，粒度一般2~5 mm，部分5~6 mm，少数0.5~2 mm，局部粒内见碳酸盐充填的微裂纹。黑云母，叶片状，零星分布，片径一般0.2~2 mm，常见被绿泥石沿其边缘或解理交代，残留部分见多色性：棕色，浅黄色，局部交代矽线石。石榴石，近圆状，零星分布，大小一般0.4~0.8 mm，粒内裂纹发育，绿泥石沿裂纹充填并交代。矽线石，呈半自形柱粒状、长柱状，相对聚集分布，粒度一般0.2~2 mm，具不均匀绢云母化，局部边缘被黑云母交代。董青石，它形粒状，零星分布，粒度1~3 mm，常见被绢云母沿其边缘或粒内交代，有的似眼睫毛状，少数蚀变强呈假象。岩内见微裂纹，局部被绢云母充填。

DSTb01

中粗粒岩屑石英砂岩。中粗粒砂状结构，块状构造。岩石由陆源砂、填隙物组成。陆源砂由石英（Qtz，85%~90%）及少量岩屑(Det，约5%) 端元组成，磨圆较好，以次圆状为主，圆状、次棱角状较少，分选较好，杂乱分布，粒度以 0.5~1.8

中粗粒砂状结构 （+） 10×2

mm 的粗砂为主，0.25~0.5 mm 的中砂次之，0.1~0.25 mm 的细砂极少。石英端元主见单晶石英，粒内具波状消光，常见具次生加大边，少见硅质岩岩屑；岩屑端元见流纹岩、黏土岩等，少见叶片状、挠曲状白云母（粒内强波状消光）。填隙物由硅质胶结物及黏土质杂基组成。硅质胶结物重结晶作用明显，均已重结晶为石英的次生加大边；黏土质由<0.005 mm 的黏土矿物组成，相对聚集填隙于砂粒间，部分变为微鳞片状绢云母，具不均匀褐铁矿化。岩石属于颗粒支撑，接触式-孔隙式胶结。

DSTb02

含矽线中粗粒二长花岗岩。中粗粒花岗结构， 块状构造。主要矿物由钾长石(Kfs，约 35%)、斜长石 （PI，约 35%）、石英 （Qtz，约 23%）、黑云母 (Bt，约 4%)、堇青石（1%）、矽线石（2%）组成。钾长石，包括正长石、微斜长石，近半自形板状-它形粒状，杂乱分布，粒度以 5~10 mm （结合标本）的粗粒为主，2~5 mm 的中粒次之， 0.5~2 mm 的细粒少，具不均匀高岭土化，多数表面脏，少数粒内见斜长石包体，常见交代斜长石交代。斜长石，近半自形板状，杂乱分布，粒度一般 5～10 mm（结合标本），部分 2～5 mm，少数 0.8～2 mm，具不同程度黏土化、绢云母化，大多数表面

中粗粒花岗结构（+）10×2

脏，与钾长石接触部位具交代蠕虫结构。石英，无色，它形粒状，杂乱分布，粒度一般 5～10 mm，部分 2～5 mm，少数 0.5～2 mm，粒内常见包嵌长石、黑云母等。黑云母，叶片状，相对聚集分布，片径一般 0.2～1.5 mm，常见被绿泥石沿其边缘或解理交代呈假象，少残留，局部见晶体弯曲现象，少数交代矽线石。董青石，它形粒状，零星分布，粒度一般 0.5～2 mm，常见被绢云母交代呈假象，极少数残留。矽线石，呈半自形柱粒状、长柱状，常见与黑云母一起分布，粒度一般0.2～1.5 mm，常见被绢云母交代呈假象，少残留。岩内见钠长石、硅质（Sil）等充填裂隙。

DSTb03

　　细粒石英岩（硅质岩）。细粒砂状结构，纹层状构造。岩石由陆源砂、填隙物组成。陆源砂：由石英（Qtz，85%～90%）及少量岩屑端元组成，磨圆好，以次圆状、圆状为主，次棱角状极少，分选较好，粒度以 0.06～0.25 mm 的细砂为主，相对聚集呈层状分布，0.25～0.5 mm 中砂及 0.5～0.8 mm 的粗砂相对聚集似纹层状分布。石英端元主见单晶石英，粒内具波状消光，次生加大边现象发育，少见硅质岩、石英砂岩岩屑；岩屑端元少见黏土岩。填隙物由硅质胶结物及少量黏土质杂基组成。硅质胶结物重结晶作用明显，均已重

结晶为石英的次生加大边；黏土质由<0.005 mm的黏土矿物组成，主似薄膜带状绕砂粒分布，部分变为微鳞片状绢云母。岩石属于颗粒支撑，主孔隙式胶结，少接触式胶结。岩内见次生石英充填的细脉。

细粒砂状结构 （+） 10×2

DSTb04

含石榴中粗粒二长花岗岩。中粗粒花岗结构，块状构造。岩石由钾长石（Kfs，约40%）、斜长石（PI，约30%）、石英（Qtz，约25%）、石榴石（约5%）、黑云母（少）组成。钾长石，主为微斜长石，近半自形板状–

中粗粒花岗结构 （+） 10×1.25

它形粒状，杂乱分布，粒度以5~11 mm的粗粒为主，2~5 mm的中粒次之，0.8~2 mm的细粒少，具不均匀高岭土化，格子双晶较发育，少数粒内见斜长石包体，局部斜长石交代。斜长石，近半自形板状，杂乱分布，粒度一般2~5 mm，部分0.5~2 mm，有的5~7 mm，具不同程度绢云母化，大多数表面脏，个别颗粒蚀变强呈假象（少数绢云母集合体可能为交代矽线石的产物），局部与钾长石接触部位具交代蠕虫结构。石英，无色，它形粒状，呈集合体状分布长石间，粒度一般 2~5 mm，部分 5~12 mm，少数 0.5~2 mm，粒内具波状消光，少数变为细粒变晶集合体。黑云母，叶片状，零星分布，片径一般 0.2~1 mm，常见被绿泥石沿其边缘或解理交代，少残留。石榴石，近圆状，零星分布，大小 1~10 mm（结合标本），镜下均被鳞片状黑云母（具绿泥石化）交代呈假象，手标本见少量残留。岩内见微裂纹。

DSTb05

脉石英。半自形粒状结构，块状构造。岩石由石英（Qtz，95%~100%）、白云母（Ms，1%~5%）及少量绢云母组成。石英，无色，它形粒状，粒度以 1~6 mm为主，集合体似脉状分布，少数 0.2~1 mm，相对聚集

半自形粒状结构 （+） 10×2

似条带状分布(可能为围岩残留)，粒内强波状、带状消光，粒间大多数锯齿状镶嵌。白云母，鳞片-叶片状，大多数相对聚集呈断续条纹状、线纹状定向分布，少数长轴定向分布石英粒间，片径一般 0.1~0.5 mm，推测为围岩残留。绢云母，微鳞片状，呈集合体状分布，集合体似交代矽线石等矿物假象。岩内见次生石英等充填裂隙。

DSTb06

中粗粒岩屑砂岩。中粗粒砂状结构，块状构造。岩石由陆源砂、填隙物组成。陆源砂由石英（Qtz，60%）、岩屑（Det，35%）端元组成，杂乱分布，磨圆较好，以次圆状为主，次棱角状次之，分选较好，粒度以 0.5~1 mm 的粗砂为主， 0.25~

中粗粒砂状结构 （+） 10×2

0.5 mm 的中砂次之，0.1~0.25 mm 的细砂少。石英端元主见单晶石英，粒内具波状消光，次生加大边现象发育，少见硅质岩岩屑及多晶石英；岩屑端元见黏土岩、流纹岩、千枚岩等吗，局部见叶片状、挠曲状白云母（部分长轴定向分布长英质间，部分相对线纹状聚集）。填隙物由硅质胶结物及黏土质杂基组成。硅质胶结物重结晶作用明显，均已重结晶为石英的次生加大边；黏土质由<0.005 mm 的黏土矿物组成，相对聚集填隙于砂粒间，部分变为微鳞片状绢云母。岩石属于颗粒支撑，以接触式胶结为主，局部见孔隙式胶结。

ZYGb02

二云斜长变粒岩。片状粒状变晶结构，平行粒状构造。岩石由石英（Qtz，约50%）、斜长石（Pl，约30%）、白云母（Ms，约10%）、黑云母（Bt，约10%）组成。石英，无色，它形粒状，杂乱分布，显定向，具一级灰–灰黄干涉色，粒度一般 0.1~0.8 mm，粒内具波状消光，粒间镶嵌状接触，有的粒内包嵌鳞片状黑云母。斜长石，它形粒状，定向分布，粒度一般 0.2~0.7 mm，常见被黏土、绢云母等不均匀交代，大多数表面脏，由于蚀变强聚片双晶不见，长石牌号无法测定，局部被石英穿孔状交代。白云母，鳞片–叶片状，部分相对聚集呈断

片状粒状变晶结构（+）10×2

续条纹状、线纹状定向分布，部分与黑云母一起长轴定向分布长英质粒间，片径一般 0.1~0.5 mm。黑云母，鳞片~叶片状，主长轴定向分布长英质间，少数相对聚集断续线纹状定向分布，片径一般 0.1~0.6 mm，多色性明显：Ng′=褐色，Np′=浅黄色，局部被绿泥石沿其边缘或解理交代。岩内见少量长英质充填的细脉。

LSYb02

中粒石英岩。中粒砂状结构，块状构造。岩石由陆源砂、填隙物组成。陆源砂由石英（Qtz，约 90%）及少量岩屑端元组成，磨圆较好，以次圆状为主，次棱角状次之，分选较好，杂乱分布，粒度以 0.25~0.5 mm 的

中粒砂状结构（+）10×2

中砂为主，0.1~0.25 mm 的细砂及 0.5~0.8 mm 的粗砂少。石英端元主见单晶石英，粒内具波状消光，次生加大边现象发育，少见硅质岩岩屑及多晶石英；岩屑端元少见流纹岩及叶片状白云母。填隙物由硅质胶结物（10%）组成。硅质胶结物重结晶作用明显，均已重结晶为石英的次生加大边。岩石属于颗粒支撑，孔隙式胶结。

LSYb03

粗中粒石英砂岩。粗中粒砂状结构，块状构造。岩石陆源砂、填隙物组成。陆源砂由石英（Qtz，约 90%）及少量岩屑（1%~5%）端元组成，磨圆较好，以次圆状为主，次棱角状次之，分选较好，杂乱分布，粒度以

粗中粒砂状结构（+）10×2

0.25~0.5 mm 的中砂为主，0.5~0.8 mm 的粗砂次之，0.1~0.25 mm 的细砂少。石英端元主见单晶石英，粒内具波状消光，次生加大边现象较发育，少见硅质岩岩屑及多晶石英；岩屑端元少见流纹岩及叶片状、挠曲状白云母。填隙物：由硅质胶结物及黏土质杂基组成。硅质部分呈隐晶状，相对聚集填隙状分布，部分重结晶为石英的次生加大边；黏土质由<0.005 mm 的黏土矿物组成，相对聚集填隙于砂粒间，部分变为微鳞片状绢云母。岩石属于颗粒支撑，接触-孔隙式胶结。岩内少见硅质充填微裂纹，局部见泥、铁质等充填锯齿状缝合线。

HSZb02

砾质粗粒长石砂岩。砾质粗粒砂状结构，块状构造。岩石由陆源砾石（约30%）、砂、填隙物组成。陆源砾石由岩屑组成，杂乱分布，粒度 2~8 mm，为细砾，磨圆较差，大多数呈次棱角状，少数呈次圆状。岩屑成分单一，为花岗岩岩屑。

砾质粗粒砂状结构（+）10×2

陆源砂由石英（Qtz）、长石端元组成（65%），以长石端元为主，磨圆较差，以次棱角状为主，次圆状少，杂乱分布，分选较好，大小以 0.5~2 mm 的粗砂为主，0.25~0.5 mm 的中砂及 0.06~0.25 mm 的细砂少。长石端元见钾长石（Kfs）、斜长石（Pl）及花岗岩、次圆状集合体，其中钾长石主为微斜长石，具格子双晶，斜长石具黏土化表面显脏；石英端元主见单晶石英，粒内具波状消光。填隙物由铁质、钙质胶结物组成。铁质呈尘点状、微粒状，绕砂粒边缘呈薄膜带状胶结；钙质成分为方解石，它形粒状，填隙状分布，粒度一般 0.2~1 mm。岩石属于颗粒支撑，接触-孔隙式胶结。

SXZb01

赤铁矿硅质岩（碧玉岩）。纤状结构，致密块状构造。岩石由硅质（Siliceous）、不透明矿物组成。硅质，主由玉髓组成。玉髓主呈纤柱状，集合体呈放射状、球状。少见粒度 0.01~0.02 mm 的它形粒状石英，充填于裂隙。

不透明矿物，多呈尘点状、微粒状，主与隐微粒状玉髓混杂一起似填隙状分布，少数分布纤柱状玉髓集合体中心，推测主为赤铁矿。岩内见次生石英充填的裂隙。

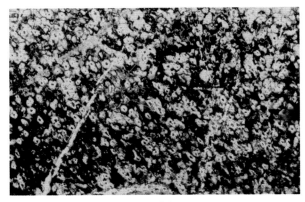

纤状结构（－）10×2

SXZb03

硅质岩（碧玉岩）。隐微粒结构，致密块状构造。岩石由硅质（Sil，约97%）、白云石（Dol，约2%）、赤铁矿（Hem，约1%）、绢云母及不透明矿物组成。硅质，主由玉髓组成。玉髓主呈隐微粒状，主似椭圆状砂

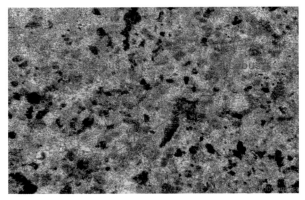

隐微粒结构（＋）10×2

屑、少部分不规则状生物碎屑等集合体，杂乱分布。少见粒度 0.05~0.5 mm 它形粒状石英，填隙状分布玉髓集合体间（可能为交代亮晶胶结物形成）。白云石，部分呈自形-半自形菱形，部分呈它形粒状，零星分布硅质间，粒度 0.02~0.45 mm。绢云母，微鳞片状。赤铁矿，尘点状、微粒状，与隐微粒状玉髓混杂一起分布。岩内见次生石英充填的裂隙。

NTGg01

褐铁矿。隐晶结构，似细脉状构造。金属矿物为褐铁矿（Lep +Gt）。褐铁矿（约 2%），呈隐晶状、粉末状，主相对聚集似细脉状分布，部分呈集合体状零星分布岩内，其中大部分褐铁矿集合体呈黄铁矿假象。

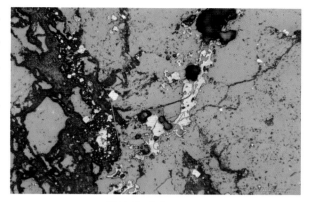

褐铁矿 （−） 10×10

NTGg02

赤褐铁矿。隐晶质结构，浸染状构造。金属矿物为赤褐铁矿（Lep +Gt、Hem）。赤褐铁矿（约 1%），以褐铁矿为主，呈隐晶状、粉末状，赤铁矿呈鳞片状，二者常见不均匀混杂一起呈集合体状分布，其中大部分

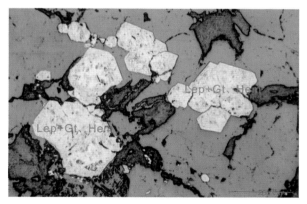

赤褐铁矿 （−） 10×10

集合体呈半自形粒状黄铁矿假象，极少数集合体粒内残留黄铁矿，少数相对聚集沿裂纹充填。

NTGg03

黄铁矿、褐铁矿。隐晶结构，浸染状构造。金属矿物为褐铁矿（Lep+Gt）、残余黄铁（Py）。褐铁矿（约1%），呈隐晶状、粉末状，主相对聚集呈集合体状零星分布岩内，其中大部分褐铁矿集合体呈半自形黄铁矿假象，且部分集合体中心残留孤岛状黄铁矿，少数相对似细脉状分布。残余黄铁矿，不规则状、孤岛状，常见分布褐铁矿集合体中心。

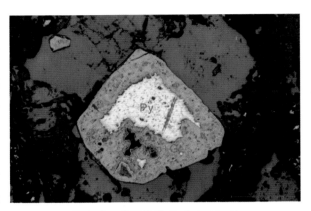

褐铁矿、残留黄铁矿（−）10×10

MDLg01

黄铁矿、褐铁矿。隐晶结构，似细脉状构造。金属矿物为褐铁矿（Lep+Gt）、赤铁矿、黄铁矿。褐铁矿（约1%），隐晶状、土状，部分集合体沿裂隙分布，部分集合体呈半自形粒状黄铁矿假象（零星分布）。残留黄铁矿，半自形粒状，零星分布，粒度0.01~0.5 mm，大多数被褐铁矿等交代呈假象，少残留。赤铁矿，隐晶状，与褐铁矿一起分布并交代黄铁矿。

黄铁矿、褐铁矿（−）10×10

MDLg02

黄铁矿。半自形粒状结构，浸染状构造。金属矿物为黄铁矿（Py）、褐铁矿。黄铁矿（约5%），大多数呈它形粒状，部分呈半自形粒状，部分零星分布岩内，部分相对聚集似细脉状分布，部分相对聚集不规则堆状分布，粒度0.03~0.6 mm。推测该光片内黄铁矿至少为两期形成，零星分布岩内、粒度较小且呈它形粒状为第一期，沿细脉分布且粒度较大、自形程度比较好的为后期形成。褐铁矿，隐晶状，集合体似填隙状分布黄铁矿集合体间。

黄铁矿（－）10×10

YXZg01

蓝铜矿、孔雀石。隐晶结构，似皮壳状构造。金属矿物为蓝铜矿（Az）、孔雀石（Mal），约2%。蓝铜矿，隐晶状、土状，主相对聚集似皮壳状分布透明矿物间，少数相对聚集呈点状分布。孔雀石，隐晶状、土状，单独或与蓝铜矿一起相对聚集似皮壳状分布透明矿物间。金属矿物褐铁矿，呈隐晶状、粉末状，相对聚集填隙于透明矿物间。

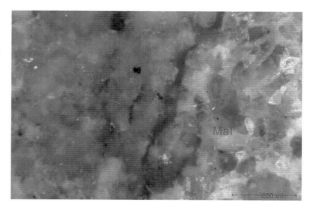

蓝铜矿、孔雀石（＋）10×20

YXZg02

孔雀石、蓝铜矿。隐晶结构，似薄膜状构造。金属矿物为蓝铜矿（Az）、孔雀石（Mal），约2%。蓝铜矿，隐晶状、土状，主相对聚集呈点状分布岩石表面，少数填隙状分布透明矿物间。孔雀石，隐晶状、土状，主相

孔雀石、蓝铜矿（+）10×10

对聚集似薄膜状分布岩石表面，少数填隙状分布透明矿物间。

YXZg03

蓝铜矿。隐晶结构，似薄膜状构造。金属矿物为蓝铜矿（Az）、孔雀石、褐铁矿。蓝铜矿，隐晶状、土状，主相对聚集似点状分布岩石表面，少数相对聚集绕透明矿物分布。孔雀石，隐晶状、土状，主相对聚集似薄膜状分布透明矿物间，少

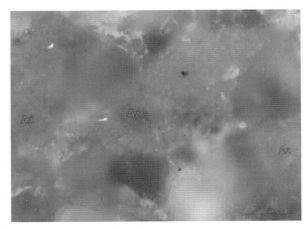

蓝铜矿（+）10×20

数填隙于透明矿物间分布。褐铁矿，呈隐晶状、粉末状，主相对聚集填隙于透明矿物间。

YXZg04

辉铜矿、斑铜矿、蓝辉铜矿、铜蓝。半自形粒状结构，浸染状构造。金属矿物为蓝铜矿（Dg）、辉铜矿（Cc）、斑铜矿（Bn）、蓝辉铜矿、铜蓝（Cv）、黄铜矿、孔雀石等。蓝铜矿，隐晶状、土状，主相对聚集沿裂隙分布，少数填隙于透明

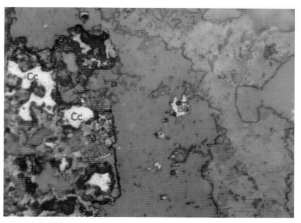

辉铜矿、斑铜矿、蓝辉铜矿、铜蓝 （－） 10×20

矿物间。辉铜矿，它形粒状，少见，粒度 0.01~0.12 mm，常见被蓝辉铜矿、铜蓝交代。斑铜矿，它形粒状，粒度 0.01~0.05 mm，相对聚集分布，边缘被黄铜矿交代。蓝辉铜矿，微粒状，沿辉铜矿边缘交代。铜蓝，鳞片状，与蓝辉铜矿一起沿辉铜矿边缘交代。黄铜矿，它形粒状，主沿斑铜矿边缘分布并交代。孔雀石，隐晶状、土状，主相对聚集填隙于透明矿物间分布。

XZGg01

赤铁矿、铜蓝、蓝辉铜矿。隐晶结构，似细脉状构造。金属矿物为孔雀石（约 1%）、赤铁矿（Hem，约 0.6%）、蓝辉铜矿（Dg，约 0.2%）、铜蓝（Cv，约 0.2%）、黄铁矿（极少）。孔

赤铁矿、铜蓝、蓝辉铜矿 （－） 10×20

雀石，隐晶状、粉末状，主沿岩石风化面不均匀分布，少数相对聚集分布岩内。蓝辉铜矿，它形粒状，相对聚集分布，粒度 0.05~0.12 mm，局部边缘被铜蓝交代。铜蓝，鳞片状，部分沿蓝辉铜矿边缘分布并交代，部分与隐晶状赤铁矿混杂一起分布。赤铁矿，大多数呈隐晶状，少部分呈板条状（粒度 0.01~0.1 mm），相对聚集似细脉状、不规则堆状分布，少数集合体似磁铁矿假象。黄铁矿，半自形粒状，零星分布，粒度一般 0.01~0.02 mm。

XZGg02

赤铁矿。隐晶结构，皮壳状构造。金属矿物为孔雀石(约 1%)、赤铁矿（Hem）。孔雀石，隐晶状、粉末状，沿岩石风化面不均匀分布，显微镜下未见。赤铁矿，隐晶状、粉末状，部分相对聚集沿裂隙分布，部分集合体似交代磁铁矿假象。

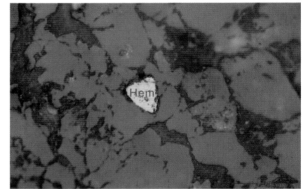

赤铁矿（-）10×20

ZBSg01

赤铁矿。金属矿物为赤铁矿（Hem，约 94%）。赤铁矿，主呈纤状、板状等，集合体呈放射状、球粒状构

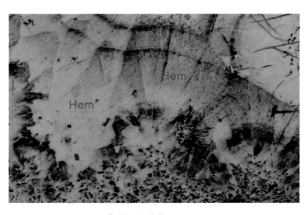

赤铁矿（-）10×10

成肾状构造，局部见生长纹，局部见半自形–它形粒状填隙于肾状分布的赤铁矿间，粒度 0.1~0.6 mm，少数<0.1 mm 的微粒状不均匀堆状分布或填隙于裂纹间。

LZBSg01

赤铁矿。金属矿物为赤铁矿。赤铁矿（Hem，约 85%），主呈纤状、板条状等，集合体呈放射状、球粒状构成肾状、葡萄状构造，局部见生长纹，少见隐晶–微粒状赤铁矿集合体似半自形黄铁矿假象填隙于肾状分布的赤铁矿间，少数粉末状、土状集合体沿裂纹分布。

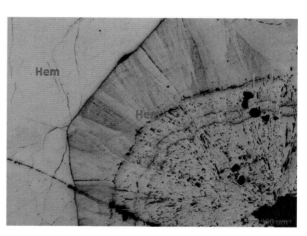

赤铁矿（−）10×4

LTSg04

赤铁矿。金属矿物为赤铁矿（Hem，约 2%）、褐铁矿（Lem，少）。赤铁矿，呈隐晶–微粒状，主相对聚集不规则堆状、线纹状填隙于砂粒间，少数填隙于裂纹间，粒度一般 <0.05 mm，

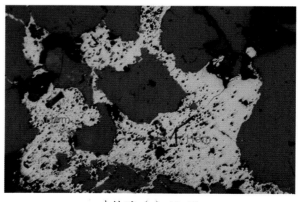

赤铁矿（−）10×10

少数赤铁矿集合体呈交代磁铁矿的假象。褐铁矿，隐晶状、粉末状，相对聚集填隙状分布。

MDSg01

赤铁矿、褐铁矿。隐晶结构，似细脉状构造。金属矿物为赤铁矿（Hem）、褐铁矿（Lep+Gt）、黄铁矿。赤铁矿（约4%），隐晶状、微粒状，主相对聚集填隙于砂砾间，少数整个交代砂粒，集合体呈次圆状。褐铁

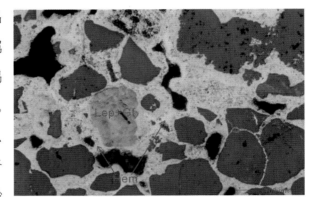

赤铁矿、褐铁矿（−）10×10

矿（约1%），隐晶状，部分与赤铁矿一起填隙于砂砾间，部分呈次圆状集合体交代陆源砂。黄铁矿（极少），半自形粒状，偶见，粒度0.02 mm。

JCZg01

赤铁矿、褐铁矿。隐晶结构，网脉状构造。金属矿物为赤铁矿（Hem）、褐铁矿、残余黄铁矿。赤铁矿、褐铁矿（约10%），隐晶状、粉末状，二者常见混杂一起分布，主相对聚集似网脉状

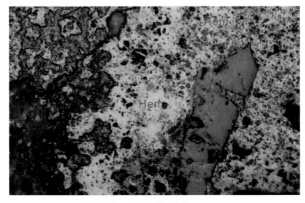

褐铁矿、赤铁矿（−）10×10

分布，局部见纤状集合体呈放射状、球状，部分见赤铁矿呈板条状，有的集合体似磁铁矿假象，其中大部分褐铁矿集合体呈半自形黄铁矿假象。残余黄铁矿（少），半自形粒状，常见分布褐铁矿集合体中心。

JCZg02

孔雀石。纤状、隐晶结构，肾状构造。金属矿物为孔雀石（Mal，约50%）、褐铁矿。孔雀石，主呈纤状，少呈隐晶状，大部分集合体呈放射状、束状充填孔洞间，少数隐晶状集合体填隙状分布透明矿物间。褐铁

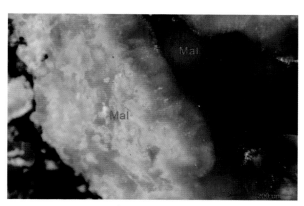

孔雀石（+）10×10

矿，呈隐晶状、粉末状，主相对聚集网脉状分布。

MCGg01

褐铁矿。隐晶结构，似细脉状构造。金属矿物为褐铁矿（Lep +Gt）。褐铁矿（约1%），隐晶状、土状，部分集合体沿裂隙分布，部分集合体呈半自形粒状黄铁矿假象（零星分布）。

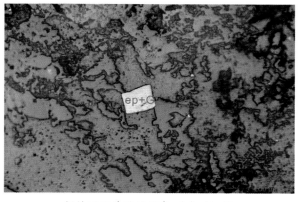

褐铁矿呈黄铁矿假象（一）10×10

MCGg02

黄铁矿、褐铁矿。隐晶结构，似细脉状构造。金属矿物为褐铁矿（Lep+Gt）、赤铁矿。褐铁矿（约1%），隐晶状、土状，部分集合体沿裂隙分布，部分集合体呈半自形粒状黄铁矿（Py）假象（零星分布），极少数集合体

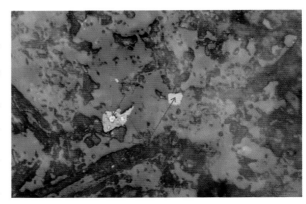

褐铁矿、黄铁矿残留（－）10×10

内残留极细小的黄铁矿。赤铁矿（约1%），隐晶状，集合体似交代磁铁矿假象，相对聚集分布，集合体内裂纹较发育。

MCGg03

褐铁矿。隐晶结构，似细脉状构造。金属矿物为褐铁矿（Lep +Gt）。褐铁矿（约1%），隐晶状、土状，相对聚集沿裂隙分布。

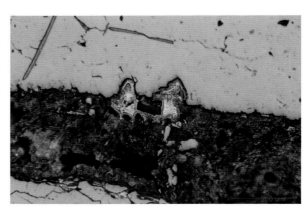

褐铁矿（－）10×10

YLg01

方铅矿、黄铁矿。半自形粒状结构，肾状构造。矿石矿物为方铅矿。方铅矿（Gn，约0.5%），它形粒状，与石英脉一起分布，粒度一般>2 mm，少数0.5~2 mm，具特征三角形黑孔，有的粒内具微裂纹。脉石矿物，由黄铁矿

（Py）、褐铁矿、铜蓝、透明矿物组成。黄铁矿，半自形粒状，零星分布岩内，粒度0.01~0.35 mm，常见黄铁矿沿其边缘或粒内裂纹交代，有的呈假象。褐铁矿，隐晶状、粉末状，沿裂纹或黄铁矿边缘、粒内分布，部分集合体呈交代黄铁矿假象。铜蓝，鳞片状，分布于方铅矿粒内裂纹，片径一般<0.1 mm。

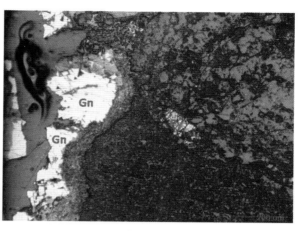

方铅矿、黄铁矿（－）10×10

参考文献

[1] 王成，程建华，孟方，等.中国区域地质志·宁夏志［M］.北京：地质出版社，2017.

[2] 艾宁，向连格，陈学，等.宁夏矿产地质志·宁夏卷·普及本［M］.北京：地质出版社，2019.

[3] 任香爱，杜东阳，刘向东，等.中国典型矿山大型矿石标本图册［M］.北京：地质出版社，2015.

[4] 张慧军，高鹏鑫，魏雪芳，等.中国典型矿床系列标本及光薄片图册［M］.北京：地质出版社，2015.

[5] 咸威，杨国忠，靳宁，等.宁夏泾源县立洼峡地区铅锌矿普查报告［R］.银川：宁夏矿业开发有限责任公司，2010.

[6] 张汐，谢愿龙，张奋发，等.宁夏吴忠市青龙山东道梁南段石湾沟南冶镁白云岩矿普查报告［R］.银川：宁夏回族自治区有色金属地质勘查院，2018.

[7] 张汐，谢愿龙，张奋发，等.宁夏盐池县萌城石梁北部石灰岩矿勘探报告［R］.银川：宁夏回族自治区有色金属地质勘查院，2019.

[8] 邹武建，张学文，龚斌德，等.宁夏中卫市南西华山铜金矿调查报告［R］.银川：宁夏回族自治区地质调查院，2013.

[9] 谷守江，付连芳，王彦朋，等.宁夏石嘴山牛头沟金矿普查报告［R］.银川：宁夏回族自治区有色金属地质勘查院，2011.

［10］ 苏力，陈学，王生对，等.宁夏贺兰山北段金及多金属矿远景调查报告［R］.银川：宁夏回族自治区有色金属地质勘查院，2013.

［11］ 董尚林，白亚东，许彩琦，等.宁夏固原市硝口－上店子岩盐矿详查报告［R］.银川：宁夏回族自治区矿产地质调查院，2010.

［12］ 徐衍，许海洋.宁夏中卫市卫宁北山地区铁矿调查评价报告［R］.银川：宁夏回族自治区有色金属地质勘查院，2010.

［13］ 路锋，任瑞鹏，孙雪平，等.宁夏中卫市峡子沟铜矿普查报告［R］.银川：宁夏回族自治区有色金属地质勘查院，2014.

［14］ 邹武建，于海滨，周瑾，等.宁夏固原市王洼矿区银洞沟煤矿外围煤炭勘探设计报告［R］.银川：宁夏回族自治区地质矿产勘查院，2021.

［15］ 李通，马瑞赟，何庆志，等.宁夏盐池县石记场石膏矿勘探报告［R］.银川：宁夏回族自治区地质调查院，2020.

［16］ 邹武建，龚斌德，张海波，等.宁夏海原县黑泉－马场地区金矿普查报告［R］.银川：宁夏矿业开发有限责任公司，2011.